storytelling com dados

cole nussbaumer knaflic

Edição Colorida

storytelling com dados

um guia sobre visualização de dados para profissionais de negócios

ALTA BOOKS
EDITORA
Rio de Janeiro, 2019

Storytelling com dados: Um guia sobre visualização

 ISBN: 978-85-508-0468-2

Impresso no Brasil — 1ª Edição, 2016 - Edição revisada conforme o Acordo Ortográfico da Língua Portuguesa de 2009.

Obra disponível para venda corporativa e/ou personalizada. Para mais informações, fale com projetos@altabooks.com.br

Produção Editorial
Editora Alta Books

Gerência Editorial
Anderson Vieira

Produtor Editorial
Thiê Alves

Assistente Editorial
Illysabelle Trajano

Produtor Editorial (Design)
Aurélio Corrêa

Marketing Editorial
Silas Amaro
marketing@altabooks.com.br

Editor de Aquisição
José Rugeri
j.rugeri@altabooks.com.br

Vendas Atacado e Varejo
Daniele Fonseca
Viviane Paiva
comercial@altabooks.com.br

Ouvidoria
ouvidoria@altabooks.com.br

Equipe Editorial
Adriano Barros
Aline Vieira
Bianca Teodoro
Gabriel Teixeira
Ian Verçosa
Juliana de Oliveira
Kelry Oliveira
Paulo Gomes
Rachel Guarino
Thales Silva
Viviane Rodrigues

Tradução
João Tortello

Revisão Gramatical
Vivian Sbravatti
Wendy Campos

Revisão Técnica
Ronaldo d'Avila Roenick
Engenheiro de Eletrônica pelo Instituto Militar de Engenharia (IME)

Diagramação
Luana Silva

Erratas e arquivos de apoio: No site da editora relatamos, com a devida correção, qualquer erro encontrado em nossos livros, bem como disponibilizamos arquivos de apoio se aplicáveis à obra em questão.

Acesse o site www.altabooks.com.br e procure pelo título do livro desejado para ter acesso às erratas, aos arquivos de apoio e/ou a outros conteúdos aplicáveis à obra.

Suporte Técnico: A obra é comercializada na forma em que está, sem direito a suporte técnico ou orientação pessoal/exclusiva ao leitor.

Dados Internacionais de Catalogação na Publicação (CIP) de acordo com ISBD

K67s Knaflic, Cole Nussbaumer

Storytelling com dados: um guia sobre visualização de dados para profissionais de negócios / Cole Nussbaumer Knaflic ; traduzido por João Tortello. - Rio de Janeiro : Alta Books, 2018.
256 p. : il. ; 17cm x 24cm.

Tradução de: Storytelling with Data: A Data Visualization Guide for Business Professionals
Inclui bibliografia e índice.
ISBN: 978-85-508-0468-2

1. Storytelling. 2. Dados. 2. Gráficos. 3. Negócios. I. Tortello, João. II. Título.

2018-1575 CDD 658.047
CDU 658.114.7

Elaborado por Vagner Rodolfo da Silva - CRB-8/9410

ALTA BOOKS EDITORA

Rua Viúva Cláudio, 291 — Bairro Industrial do Jacaré
CEP: 20.970-031 — Rio de Janeiro (RJ)
Tels.: (21) 3278-8069 / 3278-8419
www.altabooks.com.br — altabooks@altabooks.com.br
www.facebook.com/altabooks — www.instagram.com/altabooks

Para Randolph

sumário

prefácio

"O poder corrompe. O PowerPoint corrompe totalmente."

— Edward Tufte, Professor emérito da Universidade de Yale[1]

Todos somos vítimas do mau uso de slides. Apresentações feitas de qualquer maneira, que nos deixam desconcertados com um redemoinho de fontes, cores, marcadores e realces. Infográficos que não conseguem ser informativos e são apenas imagens, da mesma maneira que algumas imagens podem ser violentas, como gráficos e tabelas que enganam e confundem na imprensa.

Atualmente, é muito fácil gerar tabelas, gráficos e grafos. Posso imaginar algum veterano (eu, talvez?) resmungando atrás de mim, dizendo que em *seu* tempo eles faziam ilustrações à mão, o que significava que era preciso *pensar* antes de encostar a caneta no papel.

Termos todas as informações do mundo na ponta de nossos dedos não facilita nossa comunicação: dificulta. Quanto mais informações temos de lidar, mais difícil é filtrar o que é mais importante.

Entra Cole Nussbaumer Knaflic.

Conheci Cole no final de 2007. Eu havia sido recrutado pela Google no ano anterior para criar a equipe "People Operations" (Operação de Pessoal), responsável por encontrar, manter e alegrar o pessoal da empresa. Logo

1 Tufte, Edward R. 'PowerPoint Is Evil.' Wired Magazine, www.wired.com/wired/archive/11.09/ppt2.html, setembro de 2003.

após meu ingresso, decidi que precisávamos de uma equipe "People Analytics" (Análise de Pessoal), com a instrução de garantir que inovássemos o máximo possível nas pessoas, como inovamos com os produtos. Cole se tornou pioneira e essencial para essa equipe, atuando como canal entre a equipe Analítica e as outras partes da Google.

Cole sempre teve o dom da clareza.

Ela recebeu algumas de nossas mensagens mais desorganizadas — como o que exatamente torna um gerente ótimo e outro ruim — e as transformou em imagens claras e agradáveis que contavam uma história irrefutável. Suas mensagens "não seja vítima da moda dos dados" (isto é, deixe de lado o clipart, elementos gráficos e fontes extravagantes — concentre-se na mensagem) e "o simples vence o sexy" (isto é, o objetivo é contar uma história claramente, não fazer um gráfico bonito) foram guias poderosos.

Colocamos Cole na estrada, e, nos seis anos seguintes, ela deu seu próprio curso sobre visualização de dados mais de 50 vezes, antes de decidir iniciar por conta própria uma missão autoproclamada "liberte o mundo dos slides ruins do PowerPoint". E se você acha que esse não é um grande problema, uma busca por "powerpoint kills" (powerpoint mata) no Google retorna quase meio milhão de hits!

No livro *Storytelling com Dados*, Cole criou um complemento atualizado para o trabalho de pioneiros da visualização de dados, como Edward Tufte. Ela trabalhou junto a algumas das empresas mais ligadas a dados do planeta e também com algumas das instituições mais focadas em missões e não em dados. Em ambos os casos, ela ajudou a dar ênfase às suas mensagens e ao seu pensamento.

Ela escreveu um guia divertido, acessível e eminentemente prático para extrair o sinal do ruído e para fazer com que todos nós tenhamos nossas vozes ouvidas.

E é isso que interessa, não é?

Laszlo Bock

Vice-presidente Sênior de People Operations,
Google, Inc. e autor de *Work Rules!*

agradecimentos

Minha linha do tempo de agradecimentos

Obrigada...

HOJE

2010–HOJE **Minha família, por seu amor e apoio. Ao meu amor, meu marido, Randy, por ser meu torcedor nº1 em tudo; eu te amo, querido. Aos meus lindos filhos, Avery e Dorian, por mudarem as prioridades de minha vida e trazerem alegria ao meu mundo.**

2010–HOJE Meus clientes, por tomarem parte de meu esforço de libertar o mundo dos gráficos ineficientes e por me convidarem a compartilhar meu trabalho com suas equipes e empresas por meio de workshops e outros projetos.

2007–2012 Os anos Google. Laszlo Bock, Prasad Setty, Brian Ong, Neal Patel, Tina Malm, Jennifer Kurkoski, David Hoffman, Danny Cohen e Natalie Johnson, por me darem a oportunidade e a autonomia para pesquisar, construir e ensinar conteúdo sobre visualização de dados, por sujeitarem seu trabalho aos meus olhos frequentemente críticos e pelo apoio e inspiração.

2002–2007 Os anos de banco. Mark Hillis e Alan Newstead, por reconhecerem e estimularem a excelência no design visual, quando comecei a descobrir e aprimorar minhas habilidades em visualização de dados (às vezes de maneira dolorosa, como o grafo tipo aranha de gerenciamento de fraude!).

1987–HOJE Meu irmão, por me lembrar da importância do equilíbrio na vida.

1980–HOJE Meu pai, por seu olho de designer e sua atenção ao detalhe.

1980–2011 **Minha mãe**, a maior influência da minha vida; sinto sua falta, mamãe.

1980

Obrigada também a todos os que ajudaram a tornar este livro possível. Valorizo cada contribuição e ajuda no caminho. Além do pessoal listado acima, agradeço a Bill Falloon, Meg Freeborn, Vincent Nordhaus, Robin Factor, Mark Bergeron, Mike Henton, Chris Wallace, Nick Wehrkamp, Mike Freeland, Melissa Connors, Heather Dunphy, Sharon Polese, Andrea Price, Laura Gachko, David Pugh, Marika Rohn, Robert Kosara, Andy Kriebel, John Kania, Eleanor Bell, Alberto Cairo, Nancy Duarte, Michael Eskin, Kathrin Stengel e Zaira Basanez.

a autora

Cole Nussbaumer Knaflic conta histórias com dados. É especializada na apresentação eficaz de informações quantitativas e escreve o conhecido blog, em inglês, storytellingwithdata.com. Seus conceituados workshops e apresentações são bastante procurados por pessoas, empresas e organizações filantrópicas ligadas a dados de todo o mundo.

Seu talento singular foi aprimorado na última década por meio de funções analíticas em bancos, participações privadas e, mais recentemente, como gerente da equipe People Analytics da Google. Na Google, usou uma estratégia voltada a dados para informar programas de pessoal e práticas de gerenciamento inovadores, garantindo que a empresa atraísse, desenvolvesse e mantivesse ótimos talentos e que a organização estivesse mais bem alinhada para atender às necessidades do negócio. Cole viajou para escritórios da Google por todos os Estados Unidos e Europa para dar o curso que desenvolveu sobre visualização de dados. Atuou também como professora-assistente no Maryland Institute College of Art (MICA), onde lecionou Introdução à Visualização da Informação.

Cole tem bacharelado em Matemática Aplicada e mestrado, ambos pela Universidade de Washington. Quando não está libertando o mundo dos gráficos ineficientes, uma pizza por vez, ela as está assando, viajando e embarcando em aventuras com seu marido e dois filhos em San Francisco.

introdução

Gráficos ruins estão por toda parte

Já encontrei muitas apresentações desinteressantes em meu trabalho (e em minha vida — uma vez que você começa a reparar nisso, é difícil parar). Ninguém quer fazer um gráfico ruim. Mas acontece. Repetidamente. Em todas as empresas de todos os setores, e por pessoas de todo tipo. Acontece na mídia. E em lugares onde não se esperaria que isso acontecesse. Por que isso acontece?

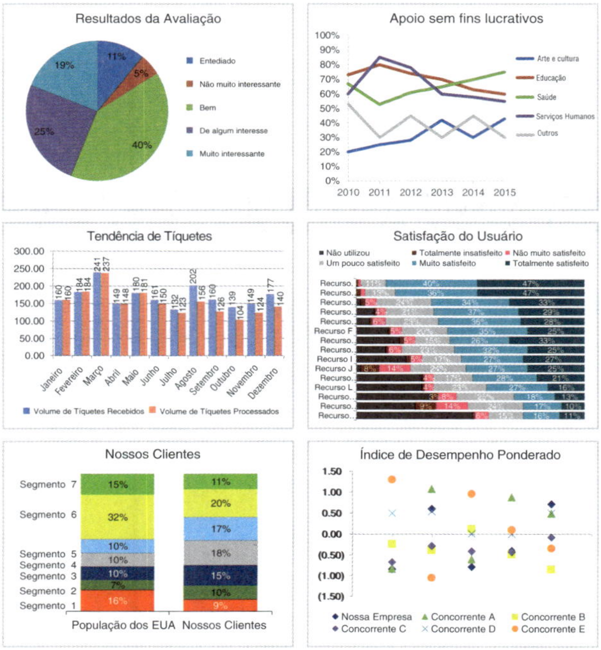

FIGURA 0.1 Exemplos de gráficos ineficientes

Não somos naturalmente bons em storytelling com dados

Na escola, aprendemos muito sobre linguagem e matemática. Na linguagem, aprendemos a formar frases e histórias com as palavras. Na matemática, aprendemos a entender os números. Mas raramente os dois lados se juntam: não nos ensinam a contar histórias com números. E bem poucas pessoas se sentem naturalmente competentes nisso. Somos mal preparados para uma importante tarefa, cada vez mais exigida. A tecnologia permitiu acumular volumes de dados cada vez maiores e há um também crescente desejo associado de entendê-los.

Na falta de habilidades naturais ou prática, contamos com nossas ferramentas para entender as melhores práticas. Hoje, quase qualquer pessoa pode inserir dados em um aplicativo (por exemplo, o Excel) e criar um gráfico. Vou repetir, pois isso é importante: *qualquer pessoa* pode inserir dados em um aplicativo e criar um gráfico. Isso é notável, considerando que, historicamente, o processo de criação de um gráfico era reservado aos cientistas ou a outras funções altamente técnicas. Também é assustador, pois, sem um caminho claro a seguir, as melhores intenções (combinadas com padrões de ferramenta frequentemente questionáveis) podem levar a direções bem ruins: 3D, cores sem sentido, gráficos de pizza.

Especialista em Microsoft Office? Todo mundo é!

Conhecer aplicativos de processamento de texto, planilhas e software de apresentação — que faziam a diferença em um currículo e no trabalho — tornou-se requisito mínimo para a maioria dos empregadores. Um recrutador me disse que, hoje, saber o "pacote Office" não é suficiente: é o que fazemos a mais que nos destaca. Saber contar histórias com dados é uma vantagem e leva ao sucesso em praticamente qualquer função.

Embora a tecnologia tenha aumentado o acesso e a proficiência em ferramentas para trabalhar com dados, ainda há lacunas nas habilidades. Você pode inserir alguns dados no Excel e criar um gráfico. Para muitos, a visualização de dados acaba aí. Isso pode estragar completamente uma história muito interessante ou, pior, torná-la difícil ou impossível de entender.

Há uma história em seus dados. Mas suas ferramentas não sabem qual é essa história. É aí que você entra — o analista ou comunicador da informação — para dar vida à história, visualmente e contextualmente. Esse processo é o foco deste livro. A seguir há alguns exemplos de "antes e depois", para dar uma ideia do que você aprenderá.

As lições que abordaremos o permitirão mudar de simplesmente mostrar dados para **storytelling com dados**.

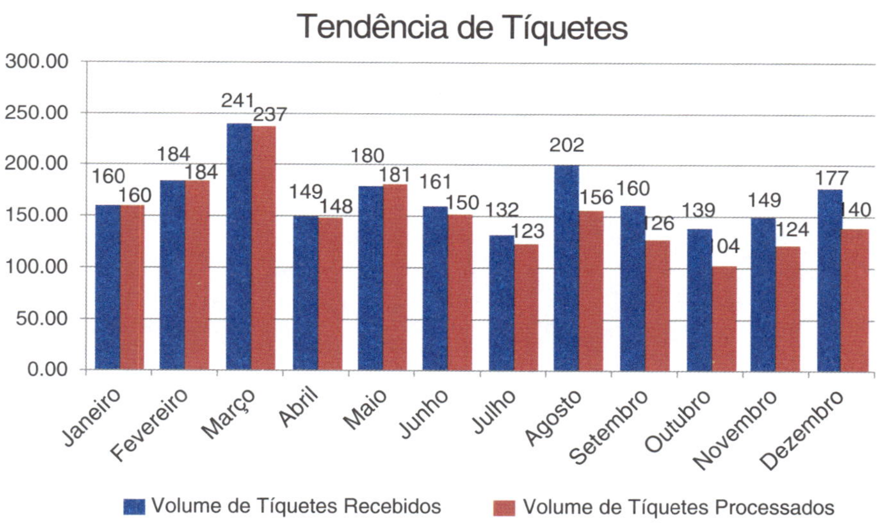

FIGURA 0.2 Exemplo 1 (antes): apresentação de dados

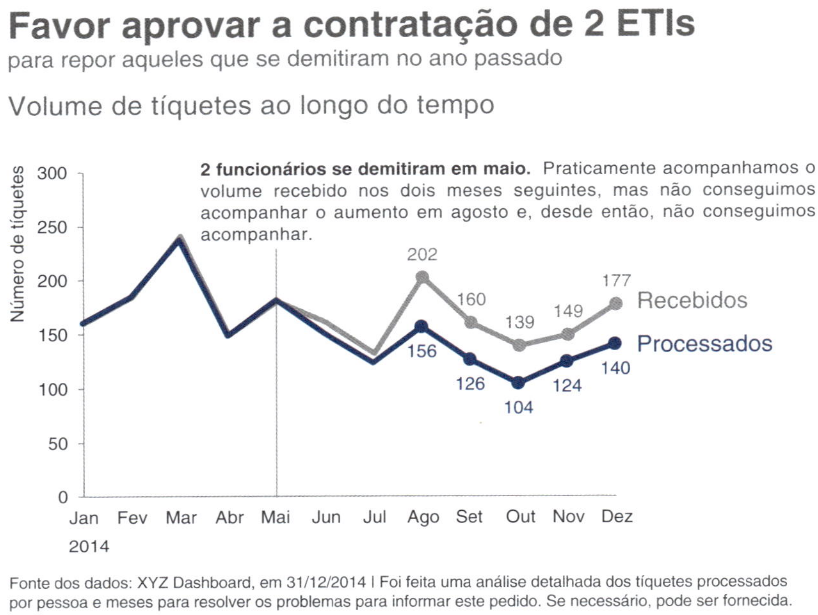

FIGURA 0.3 Exemplo 1 (depois): storytelling com dados

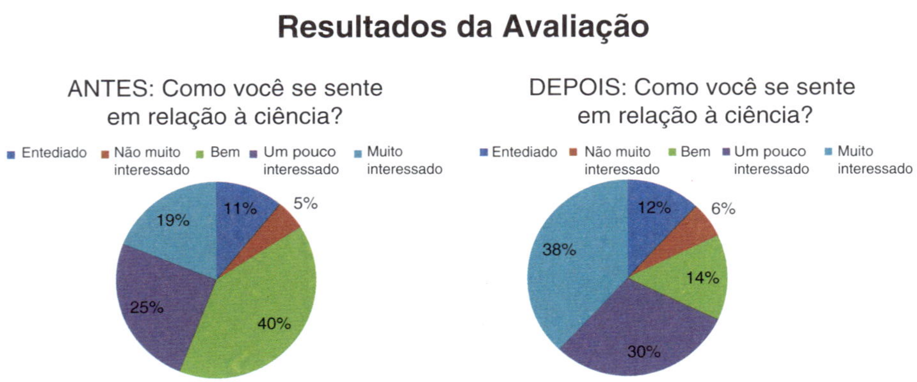

FIGURA 0.4 Exemplo 2 (antes): apresentação de dados

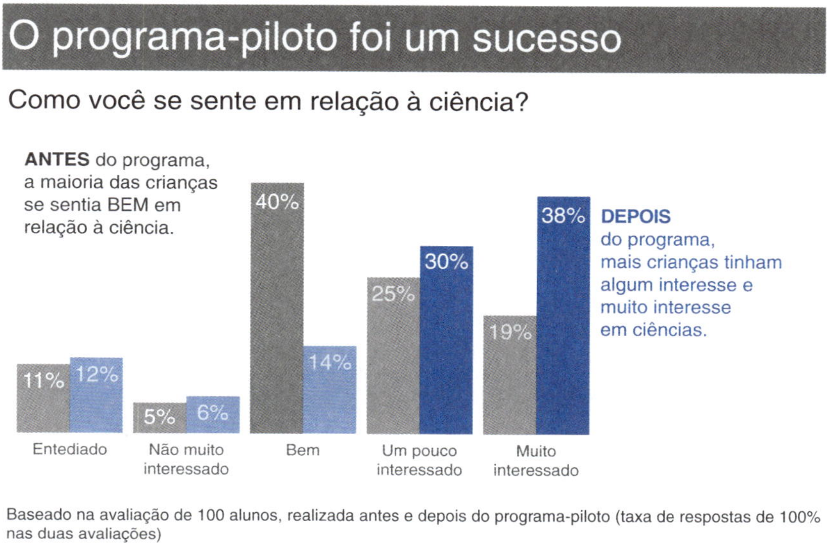

FIGURA 0.5 Exemplo 2 (depois): storytelling com dados

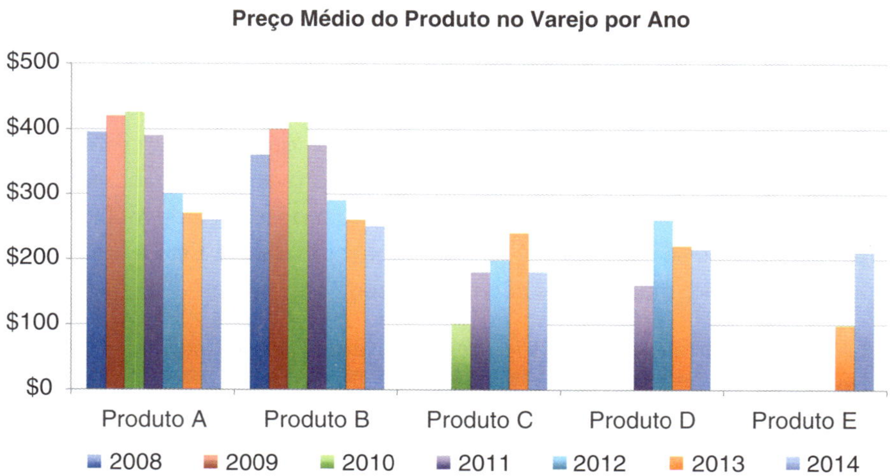

FIGURA 0.6 Exemplo 3 (antes): apresentação de dados

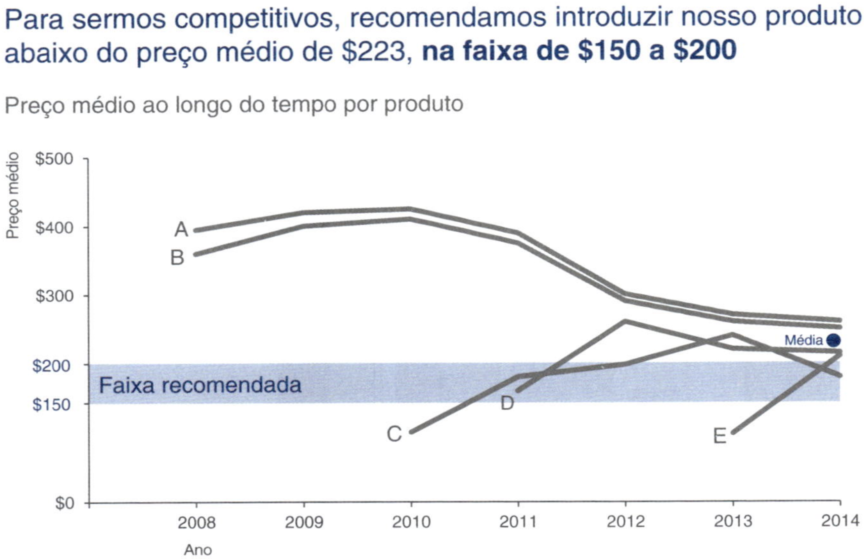

FIGURA 0.7 Exemplo 3 (depois): storytelling com dados

A quem se destina este livro

Este livro foi escrito para qualquer pessoa que precise comunicar qualquer *coisa* a qualquer *um* usando dados. Isso inclui (mas certamente não está limitado a): analistas que compartilham os resultados de seus trabalhos, alunos que visualizam dados de teses, gerentes que precisam se comunicar utilizando dados, filantropos que precisam provar seu impacto e líderes ao informar sua diretoria. Acredito que qualquer pessoa pode melhorar sua capacidade de se comunicar eficientemente com dados. Este é um espaço assustador para muitos, mas não precisa ser.

Quando solicitam a você que "mostre dados", quais sentimentos isso desperta?

Talvez você se sinta desconfortável por não saber por onde começar. Ou talvez sinta que é uma tarefa opressiva, porque presume que o que está criando precisa ser complicado e mostrar detalhes suficientes para responder a cada pergunta possível. Ou talvez já tenha uma base sólida nisso, mas está procurando algo que ajude a aprimorar seus gráficos e as histórias que você quer contar com eles. Em todos esses casos, este livro foi escrito tendo você em mente.

"Quando me pedem para *mostrar os dados*, eu me sinto..."

Uma pesquisa de opinião informal que realizei no Twitter revelou a seguinte mistura de emoções quando as pessoas são solicitadas a "mostrar os dados".

Frustrado, porque achei que não seria capaz de contar a história toda.

Pressão para tornar claro a quem quer que precise dos dados.

Inadequado. Chefe: Você pode detalhar isso? Dê-me a divisão por x, y e z.

A capacidade de contar histórias com dados é uma habilidade ainda mais importante em nosso mundo de dados crescentes e de desejo de tomadas de decisão orientadas por dados. Uma visualização de dados eficaz pode significar a diferença entre o sucesso e o fracasso na hora de comunicar as constatações de seu estudo, levantar dinheiro para sua organização sem fins lucrativos, apresentar informações para seus diretores ou simplesmente mostrar sua ideia para seu público.

Em minha experiência, vi que a maioria das pessoas enfrenta um desafio semelhante: elas podem reconhecer a necessidade de se comunicar eficientemente com dados, mas não se acham qualificadas. É difícil encontrar pessoas habilidosas na visualização de dados. Parte do desafio é que a visualização de dados é uma singular etapa do processo analítico. As pessoas contratadas para funções analíticas normalmente têm conhecimentos quantitativos, adequados para as outras etapas (encontrar os dados, reuni-los, analisá-los, construir modelos), mas não necessariamente algum treinamento formal em design para ajudá-los na comunicação da análise — o qual, a propósito, normalmente é a única parte do processo que seu público vê. E, cada vez mais em nosso mundo sempre mais voltado a dados, mesmo quem não possui conhecimentos técnicos precisa colocar o chapéu analítico e se comunicar usando dados.

Os sentimentos de desconforto não são surpreendentes, dado que a capacidade de se comunicar eficientemente com dados não é algo ensinado tradicionalmente. Quem se sobressai normalmente aprendeu o que funciona e o que não funciona por meio de tentativa e erro. Esse processo pode ser longo e entediante. Com este livro, espero ajudar a torná-lo mais rápido para você.

Como aprendi a contar histórias com dados

Sempre fui atraída para essa área onde a matemática e os negócios se cruzam. Minha formação é matemática e negócios, o que permite que eu me comunique eficientemente com os dois lados — que nem sempre falam a mesma língua — e os ajude a se entenderem melhor. Gosto de usar a ciência dos dados para informar melhor as decisões de negócio. Com o passar do tempo, descobri que um segredo para o sucesso é se comunicar de modo eficaz e visual com dados.

A primeira vez que reconheci a importância de ser hábil nessa área foi em meu primeiro trabalho depois da faculdade. Eu trabalhava como analista em administração de risco de crédito (antes da crise do subprime e, portanto, antes que qualquer um soubesse realmente o que era administração de risco de crédito). Meu trabalho era gerar e avaliar modelos estatísticos para prever fraude e perda. Isso significava pegar um material complicado e transformá-lo em uma comunicação simples, informando se tínhamos dinheiro suficiente para perdas esperadas, em quais cenários correríamos risco e assim por diante. Rapidamente, aprendi que gastar tempo na parte estética — algo que meus colegas normalmente não faziam — significava que meu trabalho obtinha mais atenção de meu chefe e do chefe do meu chefe. Foi assim que comecei a ver o valor da comunicação visual de dados.

Depois de passar por várias funções em risco de crédito, fraude e administração de operações, seguidas por algum tempo no mundo das participações privadas, decidi que queria continuar minha carreira fora dos bancos e das finanças. Fiz uma pausa para refletir sobre as habilidades que queria utilizar diariamente: usar dados para influenciar decisões de negócios.

Cheguei à Google, na equipe People Analytics. A Google é uma empresa voltada a dados — a ponto de usarem dados e análise em uma área em que são raramente vistos: recursos humanos. A People Analytics é uma equipe analítica incorporada ao RH da Google (referida como "People Operations"). O mantra dessa equipe é ajudar a garantir que as decisões sobre pessoas na Google — sobre funcionários ou futuros funcionários — sejam orientadas por dados. Era um lugar maravilhoso para continuar a aprimorar minhas habilidades em storytelling com dados, usando dados e análise para entender e informar melhor a tomada de decisões em áreas como contratação direcionada, engajamento e motivação de funcionários, montagem de equipes eficientes e manutenção de talentos. A equipe People Analytics é moderna, e ajuda a formar um caminho que muitas outras empresas começaram a seguir. Estar envolvida na montagem e no crescimento dessa equipe foi uma experiência incrível.

Storytelling com dados: o que faz um excelente gerente via Project Oxygen

Um projeto em particular que teve destaque na esfera pública foi a pesquisa Project Oxygen da Google, sobre o que torna um gerente excelente. Este trabalho foi descrito no *New York Times* e é a base de um conhecido estudo de caso da *Harvard Business Review*. Foi um desafio comunicar as constatações para públicos variados, desde engenheiros que, às vezes, eram céticos em relação à metodologia e queriam se aprofundar nos detalhes, até gerentes querendo entender o quadro geral das descobertas e como usá-las. Meu envolvimento no projeto foi na parte da comunicação, ajudando a mostrar material às vezes muito complicado de uma maneira que acalmasse os engenheiros e seu desejo por detalhes, e que ainda fosse compreensível e direto para gerentes e vários níveis de liderança. Para fazer isso, aproveitei muitos dos conceitos que discuto neste livro.

O momento decisivo aconteceu quando estávamos elaborando um programa de treinamento interno na equipe People Operations na Google e me pediram para desenvolver conteúdo sobre visualização de dados. Isso me deu a oportunidade de pesquisar e começar a aprender os princípios por trás da visualização eficaz de dados, ajudando-me a compreender por que algumas das coisas, que aprendi por tentativa e erro com o passar dos anos, tinham sido eficazes. Com essa pesquisa, desenvolvi um curso sobre visualização de dados que, no fim das contas, foi realizado para toda a Google.

O curso gerou certa agitação, tanto dentro como fora da Google. Graças a uma série de acontecimentos fortuitos, recebi convites para palestras em algumas organizações filantrópicas e em eventos sobre visualização de dados. A fama se espalhou. Cada vez mais pessoas estavam estendendo as mãos para mim — inicialmente, no mundo filantrópico, mas cada vez mais também no setor corporativo — procurando orientações sobre como se comunicar eficientemente com dados. Tornou-se cada vez mais claro que a carência nessa área não era exclusividade da Google. Mais exatamente, quase qualquer pessoa em uma organização ou ambiente empresarial podia aumentar seu impacto sendo capaz de se comunicar eficientemente com dados. Depois de atuar como palestrante em conferências e organizações em meu tempo livre, finalmente saí da Google para realizar meu objetivo emergente de ensinar o mundo a contar histórias com dados.

Nos últimos anos, dei workshops para mais de 100 organizações nos Estados Unidos e na Europa. Foi interessante ver que a necessidade de habilidades nessa área abrange muitos setores e funções. Tive públicos nas áreas de consultoria, produtos para o consumidor, educação, serviços financeiros, governo, sistemas de saúde, entidades sem fins lucrativos, varejo, startups e tecnologia. Meus públicos têm sido uma mistura de funções e níveis: desde analistas que trabalham com dados diariamente até os que não estão em funções analíticas, mas ocasionalmente precisam incorporar dados em seus trabalhos, desde gerentes que precisam fornecer orientações e feedback até equipes executivas apresentando resultados trimestrais para os diretores.

Por meio desse trabalho, fui exposta a muitos e diversos desafios. Percebo que as habilidades necessárias nessa área são fundamentais. Elas não são específicas de nenhum setor ou função, e podem ser ensinadas e aprendidas eficientemente — conforme demonstrado pelo consistente retorno positivo e acompanhamentos que recebo dos participantes dos workshops. Com o passar do tempo, codifiquei as lições que ensino em meus workshops. São estas lições que compartilho com você.

Como você aprenderá a contar histórias com dados: 6 lições

Em meus workshops, normalmente me concentro em cinco lições principais. A grande oportunidade com este livro é que não há limite de tempo (como acontece em um ambiente de workshop). Incluí uma sexta lição de bônus que sempre quis compartilhar ("pense como um designer") e também muito mais, por meio de exemplos de "antes e depois", instruções passo a passo e ideias de meu processo de pensamento sobre o design visual da informação.

Fornecerei orientações práticas que você pode começar a usar imediatamente para melhor se comunicar visualmente com dados. Vamos abordar conteúdo para ajudá-lo a aprender e se sentir à vontade empregando seis lições importantes:

1. Entenda o contexto
2. Escolha uma apresentação visual adequada
3. Elimine a saturação
4. Foque a atenção onde você deseja
5. Pense como um designer
6. Conte uma história

Exemplos ilustrativos abrangem muitos setores

Ao longo do livro, utilizo vários estudos de caso para ilustrar os conceitos discutidos. As lições que abordaremos não serão específicas de um setor — ou função —, mas vamos enfocar conceitos fundamentais e as melhores práticas para a comunicação eficaz com dados. Como meu trabalho abrange muitos setores, o mesmo acontece com os exemplos que uso. Você verá estudos de caso de tecnologia, educação, produtos para o consumidor, do setor sem fins lucrativos e muito mais.

Cada exemplo usado tem por base uma lição que ensinei em meus workshops, mas em muitos casos alterei um pouco os dados ou generalizei a situação para proteger informações confidenciais.

Se algum exemplo inicialmente não parecer relevante para você, sugiro fazer uma pausa e pensar sobre quais desafios de visualização ou comunicação de dados você encontra, onde uma estratégia semelhante poderia ser eficaz. Há algo a ser aprendido em cada exemplo, mesmo que o exemplo em si não esteja obviamente relacionado ao mundo no qual você trabalha.

As lições não dependem de uma ferramenta específica

As lições que abordaremos neste livro se concentram nas melhores práticas que podem ser aplicadas em qualquer aplicativo de geração de gráficos ou software de apresentação. Existe um enorme número de ferramentas que podem ser aproveitadas para contar histórias com dados eficientemente. No entanto, não importa o quão excelente seja a ferramenta, ela nunca conhecerá seus dados e sua história como você. Conheça bem sua ferramenta para que ela não se torne um fator limitante quando for a hora de aplicar as lições que abordamos neste livro.

Como se faz isso no Excel?

Embora eu não concentre a discussão em ferramentas específicas, os exemplos deste livro foram criados com o Excel. Quem quiser ver com detalhes como apresentações semelhantes podem ser construídas no Excel, visite meu blog em storytellingwithdata.com, em inglês, onde os arquivos do Excel que acompanham meus posts podem ser baixados.

Como este livro está organizado

Este livro está organizado em uma série de lições abrangentes, com cada capítulo enfocando uma única lição básica e conceitos relacionados. Vamos discutir um pouco de teoria, quando auxiliar no entendimento, mas enfatizarei a aplicação prática da teoria, frequentemente por meio de exemplos específicos do mundo real. Você terminará cada capítulo pronto para aplicar a lição dada.

As lições do livro estão organizadas em ordem cronológica, da mesma maneira como penso sobre o processo de storytelling com dados. Por isso e porque os capítulos posteriores complementam e, em alguns casos, fazem referência a conteúdo anterior, recomendo lê-lo do início ao fim. Depois de fazer isso, você provavelmente consultará pontos específicos de interesse ou exemplos relevantes para os desafios de visualização de dados com que se deparar.

NOTA: Você poderá fazer o download das imagens em www.altabooks.com.br (Procure pelo título do livro).

Para dar uma ideia mais específica do caminho que tomaremos, resumos dos capítulos podem ser encontrados a seguir.

Capítulo 1: a importância do contexto

Antes de você tomar o caminho da visualização de dados, há duas perguntas que deve responder sucintamente: Quem é seu público? O que precisa que ele saiba ou faça? Este capítulo descreve a importância de entender o contexto circunstancial, incluindo o público, o mecanismo de comunicação e o tom desejado. Vários conceitos são apresentados e ilustrados por meio de exemplo para ajudar a garantir que o contexto seja completamente entendido. Criar um entendimento sólido do contexto circunstancial reduz as iterações mais adiante e o coloca no caminho para o sucesso quando se trata de criar conteúdo visual.

Capítulo 2: a escolha de um visual eficaz

Qual é a melhor maneira de mostrar os dados que você deseja comunicar? Analisei as apresentações visuais que mais uso em meu trabalho. Neste capítulo, apresento os tipos mais comuns de visuais usados para comunicar dados em um ambiente de negócios, discuto casos de uso apropriados para cada um e ilustro cada tipo por meio de exemplos do mundo real. Os tipos específicos de apresentações abordadas incluem texto simples, tabela, mapa de calor, gráfico de linhas, gráfico de inclinação, gráfico de barras verticais, gráfico de barras verticais empilhadas, gráfico de cascata, gráfico de barras horizontais, gráfico de barras horizontais empilhadas e gráfico de área quadrada. Também abordaremos os recursos visuais a serem evitados, incluindo os gráficos de pizza e de rosca, e discutiremos os motivos para evitar gráficos em 3D.

Capítulo 3: a saturação é sua inimiga!

Imagine uma página ou uma tela em branco: cada elemento adicionado a ela absorve carga cognitiva por parte de seu público. Isso significa que devemos ter discernimento acerca dos elementos que permitimos em nossa página ou tela e devemos trabalhar para identificar coisas que estão absorvendo poder do cérebro desnecessariamente e removê-las. Identificar e eliminar a saturação é o enfoque deste capítulo. Como parte dessa conversa, apresento e discuto os Princípios da Gestalt para Percepção Visual e como podemos aplicá-los em apresentações visuais de informação, como tabelas e gráficos. Discutimos também o alinhamento, o uso estratégico do espaço em branco e o contraste como importantes componentes de um design criterioso. Vários exemplos são usados para ilustrar as lições.

Capítulo 4: focalize a atenção de seu público

Neste capítulo, continuamos a examinar como as pessoas veem e como você pode tirar proveito disso ao elaborar apresentações. Isso inclui uma breve discussão sobre visão e memória, que atuarão de forma a enfatizar a importância dos atributos pré-atentivos, como tamanho, cor e posição na página. Vamos explorar como os atributos pré-atentivos podem ser usados estrategicamente para ajudar a dirigir a atenção de seu público para onde você deseja que ele se concentre e para criar uma hierarquia visual dos componentes, a fim de ajudar a dirigir seu público para as informações que deseja comunicar, e da maneira como quer que sejam processadas. A cor como ferramenta estratégica é abordada em profundidade. Os conceitos são ilustrados por meio de vários exemplos.

Capítulo 5: pense como um designer

A forma segue a função. Esse ditado do design de produtos tem aplicação clara na comunicação com dados. Quando se trata da forma e da função de nossas visualizações de dados, primeiramente devemos pensar sobre o que queremos que nosso público consiga *fazer* com os dados (função) e criar uma visualização (forma) que permita fazer isso com facilidade. Neste capítulo, discutimos como os conceitos do design tradicional podem ser aplicados à comunicação com dados. Investigamos reconhecimentos de funcionalidades (affordances), acessibilidade e estética, explorando vários conceitos apresentados anteriormente, mas observando-os através de lentes um pouco diferentes. Discutimos também estratégias para obter aceitação do público para seus designs visuais.

Capítulo 6: dissecagem de modelos visuais

Muito pode ser aprendido a partir de um exame completo de apresentações visuais eficazes. Neste capítulo, examinamos cinco visuais exemplares e discutimos o processo de pensamento específico e as escolhas de design que levaram à sua criação, utilizando as lições abordadas até este ponto. Exploramos as decisões a respeito do tipo de gráfico e a ordenação dos dados dentro da apresentação. Consideramos as escolhas em torno do quê e de como dar e retirar a ênfase, por meio do uso de cor, espessura de linhas e tamanho relativo. Discutimos o alinhamento e o posicionamento de componentes dentro dos visuais e também o uso eficiente de palavras em títulos, legendas e anotações.

Capítulo 7: lições sobre storytelling

Histórias repercutem e ficam conosco de maneiras que dados simplesmente não conseguem. Neste capítulo, apresento conceitos de storytelling que podem ser aproveitados na comunicação com dados. Consideramos o que pode ser aprendido com mestres do storytelling. Uma história tem início, meio e fim claros; discutimos como essa estrutura se aplica e pode ser usada na construção de apresentações de negócios. Abordamos estratégias para o storytelling eficaz, incluindo o poder da repetição, o fluxo da narrativa, considerações sobre narrativas faladas e escritas, e diversas táticas para garantir que nossa história seja claramente compreendida em nossas comunicações.

Capítulo 8: tudo reunido

Os capítulos anteriores incluíram aplicações fragmentadas para demonstrar as lições individuais abordadas. Neste capítulo amplo, acompanhamos o processo de storytelling com dados do início ao fim, usando um único exemplo do mundo real. Entendemos o contexto, escolhemos uma apresentação visual adequada, identificamos e eliminamos a saturação, chamamos a atenção para onde desejamos que nosso público se concentre, pensamos como um designer e contamos uma história. Juntas, essas lições e os visuais e a narrativa resultantes ilustram como podemos passar de simplesmente mostrar dados para contar uma história com dados.

Capítulo 9: estudos de caso

O penúltimo capítulo explora estratégias específicas para enfrentar desafios comuns encontrados na comunicação com dados, por meio de vários estudos de caso. Os tópicos abordados incluem considerações sobre cor em fundo escuro, aproveitamento de animação nos visuais que você apresenta versus aqueles que distribui, estabelecimento de lógica na ordem, estratégias para evitar o gráfico espaguete e alternativas aos gráficos de pizza.

Capítulo 10: considerações finais

A visualização de dados — e a comunicação com dados em geral — situa-se no cruzamento entre a ciência e a arte. Certamente há certa ciência nisso: melhores práticas e diretrizes a seguir. Há também um componente artístico. Aplicar as lições abordadas para forjar o *seu* caminho, usando sua licença artística para facilitar o entendimento da informação por seu público. Neste último capítulo, discutimos dicas sobre onde ir a partir daqui e estratégias para moldar sua competência em storytelling com dados em sua equipe e em sua empresa. Finalizamos com uma recapitulação das principais lições abordadas.

Coletivamente, as lições abordadas permitirão que você conte histórias com dados. Vamos começar!

capítulo um

a importância do contexto

Pode parecer absurdo, mas o sucesso na visualização de dados não começa com a visualização de dados. Em vez disso, antes de começar a criar uma apresentação ou comunicação de dados, a atenção e o tempo devem estar voltados a entender o **contexto** da necessidade de se comunicar. Neste capítulo, vamos nos concentrar no entendimento dos componentes importantes do contexto e discutir algumas estratégias para ajudar a prepará-lo para o sucesso quando se trata de comunicar dados visualmente.

Análise exploratória versus explanatória

Antes de entrarmos nos detalhes específicos do contexto, há uma distinção importante a fazer entre análise *exploratória* e *explanatória*. A análise exploratória é a que você faz para compreender os dados e descobrir o que pode ser digno de nota ou interessante a destacar para outras pessoas. Quando fazemos uma análise exploratória, é como procurar pérolas em ostras. Talvez precisemos abrir 100 ostras (testar 100 diferentes hipóteses ou examinar os dados de 100 diferentes maneiras) para encontrar, digamos, duas pérolas. Quando estamos a ponto de comunicar nossa análise para nosso público, queremos estar no espaço explanatório, significando que você tem algo específico que deseja explicar, uma história específica que deseja contar — provavelmente sobre aquelas duas pérolas.

Com muita frequência, as pessoas se enganam e pensam que podem mostrar uma análise exploratória (simplesmente apresentar os dados, todas as 100 ostras), quando deveriam mostrar a explanatória (dedicar tempo para transformar os dados em informações que possam ser consumidas por um público: as duas pérolas). É um erro compreensível. Depois de se fazer toda uma análise, pode ser tentador mostrá-la inteira ao seu público, como evidência de todo o trabalho que você fez e da robusteza da análise. Resista a esse desejo. Você estaria fazendo seu público reabrir todas as ostras! Concentre-se nas pérolas, a informação que seu público precisa saber.

Aqui, nos concentramos na análise **explanatória** e na comunicação.

Leitura recomendada

Para quem estiver interessado em aprender mais sobre análise, consulte o livro Data Points, de Nathan Yau. Yau enfoca a visualização de dados como veículo, não como ferramenta, e dedica uma boa parte de sua obra à discussão dos dados em si e das estratégias para explorá-los e analisá-los.

Quem, o quê e como

Quando tratamos da análise explanatória, precisamos pensar em algumas coisas e sermos extremamente claros antes de visualizarmos qualquer dado ou criarmos conteúdo. Primeiramente, é importante entender bem quem é seu público e como ele o interpreta. Isso pode ajudá-lo a identificar pontos em comum que o ajudarão a garantir que sua mensagem seja ouvida. Segundo, você deve deixar claro como deseja que seu público aja, levar em conta como vai se comunicar com ele e o tom geral a ser estabelecido para sua comunicação.

Somente depois de passar por essas duas primeiras etapas, é que você está pronto para passar para a terceira, que é: *como usar dados para ajudar a defender a sua ideia?*

Vamos ver com mais detalhes o contexto de quem, o quê e como.

Quem

Seu público

Quanto mais específico você puder ser a respeito de quem é seu público, melhor a posição em que estará para ter sucesso na comunicação. Evite públicos vagos como "interessados internos e externos" ou "quem possa estar interessado" — ao tentar se comunicar de uma só vez com muitas pessoas diferentes, com necessidades distintas, você se coloca em uma posição na qual não consegue se comunicar com nenhuma delas tão eficientemente quanto poderia se estreitasse seu público-alvo. Às vezes, isso significa criar diferentes comunicações para diferentes públicos. Identificar o tomador de decisão é uma maneira de restringir seu público. Quanto mais você souber sobre seu público, mais bem posicionado estará para saber como ser entendido por ele e para estabelecer uma comunicação que satisfaça a necessidade dele e a sua.

Você

É de grande ajuda pensar na relação que você tem com seu público e como espera que ele o perceba. Será a primeira vez que vocês se encontrarão por meio dessa comunicação ou já têm uma relação estabelecida? Ele já o considera especialista ou você precisa trabalhar para estabelecer credibilidade? Essas são considerações importantes quando se trata de determinar como sua comunicação será estruturada e se e quando os dados serão usados, podendo impactar a ordem e o fluxo da história global que você pretende contar.

Leitura recomendada

No livro Ressonância: Apresente Histórias Visuais que Encantem o Público (Ed. Alta Books), de Nancy Duarte, a autora recomenda considerar seu público como um herói e destaca estratégias específicas para conhecê-lo, segmentá-lo e estabelecer pontos em comum. Uma versão multimídia gratuita em inglês está disponível em duarte.com.

O quê

Ação

Esse é o ponto no qual você reflete sobre como tornar o que comunica relevante para seu público e forma um claro entendimento do motivo pelo qual ele deve se importar com o que você diz. Você sempre deve querer que seu público saiba ou faça algo. Se não conseguir articular isso de forma concisa, deve verificar se precisa mesmo fazer a comunicação.

Para muitas pessoas, esse pode ser um cenário desconfortável. Frequentemente, esse desconforto parece ser provocado pela crença de que o público sabe mais que o apresentador e, portanto, deve escolher se e como vai agir de acordo com a informação apresentada. Essa suposição é falsa. Se é você quem está analisando e comunicando os dados, provavelmente os conhece melhor — é o especialista no assunto. Isso o coloca em uma posição única para interpretar os dados e ajudar a conduzir as pessoas ao entendimento e à ação. Em geral, quem comunica dados precisa adotar uma postura mais confiante quando se trata de fazer observações e recomendações específicas com base em sua análise. Se você não fizer isso repetidamente, se sentirá fora de sua zona de conforto.

Comece a fazer isso agora — com o tempo, ficará mais fácil. E saiba que, mesmo que você destaque ou recomende a coisa errada, isso estimulará o tipo correto de conversa focada na ação.

Quando não for adequado recomendar explicitamente uma ação, estimule a discussão voltada para uma. Sugerir possíveis próximos passos pode ser uma maneira excelente de manter a conversa ativa, pois isso dá ao seu público um estímulo para reagir, em vez de começar com uma lousa em branco. Se você simplesmente apresenta dados, é fácil seu público dizer: "Ah, isso é interessante", e passar para o próximo assunto. Mas se você exige ação, seu público precisa tomar a decisão de obedecer ou não. Isso provoca uma reação mais produtiva em seu público, a qual pode levar a uma conversa mais produtiva — que poderia jamais ser iniciada se você não tivesse recomendado a ação.

Estímulo à ação

Aqui estão algumas palavras que funcionam como ideia inicial na hora de definir o que você quer de seu público:

aceitar | acreditar | apoiar | aprender | assegurar | autorizar | buscar | colaborar | começar | concordar | criar | defender | demonstrar empatia | desejar | diferenciar | empoderar | encorajar | engajar | entender | estabelecer | estimular | examinar | facilitar | familiarizar | fazer | formar | gostar | implementar | incluir | influenciar | iniciar | investir | lembrar | mudar | persuadir | planejar | promover | receber | recomendar | relatar | responder | saber | simplificar | tentar | validar

Mecanismo

Como você irá se comunicar com seu público? O método a ser usado para se comunicar com seu público tem implicações em diversos fatores, incluindo o controle que você terá sobre como o público entende a informação e o nível de detalhe a ser explicitado. Podemos pensar no mecanismo de comunicação ao longo de uma sequência contínua, com uma apresentação ao vivo à esquerda e um documento escrito ou e-mail à direita, como mostrado na Figura 1.1. Considere o nível de controle que você tem sobre como a informação é consumida, assim como o nível de detalhe necessário nas duas extremidades do espectro.

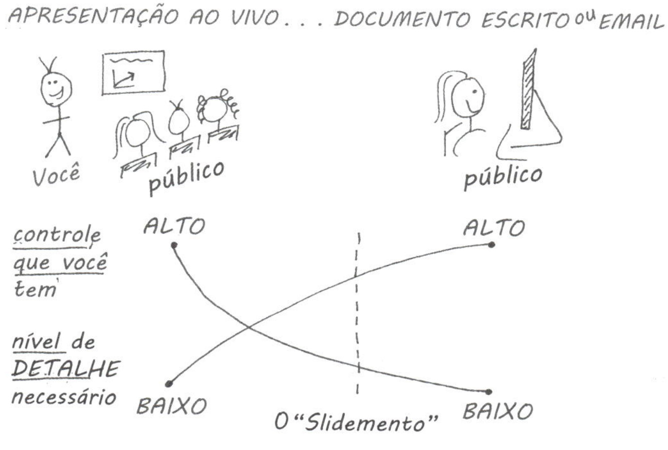

FIGURA 1.1 Sequência contínua do mecanismo de comunicação

À esquerda, com uma **apresentação ao vivo**, você (o apresentador) tem total controle. Você determina o que e quando o público vê e quando vê. Você pode responder a indícios visuais para acelerar, reduzir a velocidade ou entrar em um ponto específico com mais ou menos detalhes. Nem todos os detalhes precisam estar diretamente na comunicação (a apresentação ou conjunto de slides), porque você, o especialista no assunto, está lá para responder a quaisquer perguntas que surjam no curso da apresentação, e deve estar pronto e preparado para fazer isso independente do detalhe contido na apresentação em si.

Em apresentações ao vivo, a prática leva à perfeição

Não use seus slides como seu teleprompter! Se você estiver lendo cada slide em voz alta durante uma apresentação, os estará usando dessa forma. Isso gera uma experiência penosa para o público. Você precisa conhecer o conteúdo para fazer uma boa apresentação e isso significa prática, prática e mais prática! Use poucos slides, e só coloque neles coisas que ajudem a reforçar o que você dirá. Seus slides podem lembrá-lo do próximo tópico, mas não devem servir como suas anotações de palestra.

Veja algumas dicas para você ficar à vontade com seu material quando se preparar para sua apresentação:

- Escreva suas anotações de palestra com os pontos importantes a serem apresentados em cada slide.
- Pratique em voz alta o que você quer dizer: isso ativa uma parte diferente do cérebro, que o ajuda a lembrar do tema da sua discussão. Além disso, o obriga a articular as transições entre slides que às vezes atrapalha os apresentadores.
- Faça uma apresentação simulada para um amigo ou colega.

No lado direito do espectro, com um **documento escrito ou e-mail**, você (o criador do documento ou e-mail) tem menos controle. Nesse caso, o público controla como consome a informação. O nível de detalhe necessário aqui normalmente é mais alto, pois você não está lá para ver e responder aos questionamentos de seu público. Assim, o documento precisará tratar diretamente de mais possíveis perguntas.

Em um mundo ideal, o resultado dos dois lados dessa sequência contínua seria totalmente diferente — poucos slides para uma apresentação ao vivo (pois você está lá para explicar tudo com mais detalhes, conforme necessário) e documentos mais densos quando o público tiver que absorver tudo sozinho. Mas, na realidade — devido ao tempo e a outras restrições —, muitas vezes o mesmo produto é criado para tentar satisfazer ambas as necessidades. Isso faz surgir o **slidemento**, um único documento destinado a atender a essas duas necessidades. Isso apresenta alguns desafios, por causa das necessidades diversas que precisam ser satisfeitas, mas vamos analisar as estratégias para tratar desses desafios e superá-los, mais adiante no livro.

Neste começo do processo de comunicação, é importante identificar o principal veículo de comunicação a ser utilizado: apresentação ao vivo, documento escrito ou outro. Considerações sobre o controle que você terá sobre como seu público absorverá a informação e o nível de detalhe necessário se tornarão muito importantes uma vez que o conteúdo comece a ser gerado.

Tom

Outra consideração importante é o tom desejado para a comunicação a ser transmitida para seu público. Você está comemorando um êxito? Está tentando estimular uma tomada de ação? O assunto é leve ou sério? O tom desejado para sua comunicação terá implicações nas escolhas de design, as quais discutiremos em capítulos futuros. Por enquanto, pense a respeito e especifique o tom geral que você deseja estabelecer ao tomar o caminho da visualização de dados.

Como

Por fim — e somente após podermos articular claramente quem é nosso público e o que precisamos que eles saibam ou façam —, podemos considerar os dados e fazer a pergunta: *Quais dados estão disponíveis e que ajudarão a apresentar minha ideia?* Dados se tornam a evidência que corrobora a história que você vai construir e contar. Nos capítulos subsequentes, vamos discutir muito mais sobre como apresentar esses dados visualmente.

Ignorar os dados que não corroboram?

Você poderia supor que mostrar apenas os dados que respaldam sua ideia e ignorar o resto tornará sua tese mais forte. Não recomendo isso. Além de ser enganoso, por retratar uma história unilateral, isso é muito arriscado. Um público perspicaz encontrará furos em uma história que não se sustenta ou em dados que mostram um aspecto, mas ignoram o resto. A quantia correta de contexto e dados contra e a favor vai variar de acordo com a situação, com o grau de confiança que seu público tem com você e outros fatores.

Quem, o quê e como: ilustrado por um exemplo

Considere um exemplo para ilustrar esses conceitos. Imagine que você é professor de ciências do quarto ano e acabou de encerrar um curso de verão experimental sobre ciências, destinado a apresentar esse assunto chato para as crianças. Você avaliou os alunos no início e no final do programa para saber se e como as percepções sobre ciências deles mudaram. Você acha que os dados mostram uma história de grande sucesso e gostaria de continuar a oferecer o curso de verão sobre ciências.

Vamos começar identificando nosso público. Existem vários públicos diferentes em potencial que poderiam estar interessados nessa informação: pais de alunos que participaram do curso, pais de possíveis futuros participantes, os próprios futuros participantes em potencial, outros professores que possam estar interessados em fazer algo semelhante ou o comitê de orçamento que controla os recursos financeiros necessários para continuar o programa. Você pode imaginar como a história que contaria a cada um desses públicos pode variar. A ênfase pode mudar. A chamada para ação seria diferente para os diferentes grupos. Os dados que você mostraria (ou a decisão de mostrar os dados) poderiam ser diferentes para os diversos públicos. Se criássemos uma única comunicação para tratar das necessidades de todos esses públicos com necessidades diferentes, você pode imaginar como é provável que ela não satisfaça exatamente a necessidade de determinado público. Isso ilustra a importância de identificar um público específico e compor uma comunicação tendo esse público específico em mente.

Vamos supor que, neste caso, o público com o qual queremos nos comunicar seja o comitê de orçamento, que controla os recursos financeiros necessários para continuarmos o programa.

Agora que respondemos a pergunta do *quem* e *o quê*, se torna mais fácil de identificar e articular. Se estamos tratando com o comitê de orçamento, um enfoque provável seria demonstrar o sucesso do programa e solicitar um volume de recursos financeiros específico para continuar a oferecê-lo. Depois de identificar quem é nosso público e o que precisamos dele, podemos pensar sobre os dados disponíveis que atuarão como evidência da história que queremos contar. Podemos aproveitar os dados coletados por meio da avaliação feita no início e no fim do programa para ilustrarmos o aumento das percepções positivas em relação à ciência, antes e depois do curso de verão.

Esta não será a última vez que vamos considerar esse exemplo. Vamos recapitular quem identificamos como nosso público, o que precisamos que eles saibam e façam, e os dados que nos ajudarão a defender nossa tese:

> **Quem:** O comitê de orçamento que pode aprovar os recursos financeiros para a continuação do curso de verão.
>
> **O quê:** O curso de verão sobre ciências foi um sucesso; favor aprovar o orçamento de R$X para continuarmos.
>
> **Como:** Ilustrar o sucesso com dados coletados por meio da avaliação realizada antes e depois do programa-piloto.

Consulta para contextualizar: perguntas a fazer

Frequentemente, a comunicação ou o resultado que está sendo criado é pedido por alguém: um cliente, um interessado ou seu chefe. Isso significa que talvez você não tenha todo o contexto e precise consultar o solicitante para entender a situação completamente. Às vezes, há um contexto adicional na cabeça desse solicitante, o qual ele talvez presuma ser conhecido ou não pense em dizer em voz alta. A seguir há algumas perguntas que você pode usar ao trabalhar para trazer à tona essas informações. Se você está no lado solicitante da comunicação, pedindo à sua equipe de apoio para elaborar a comunicação, pense em como responder a estas perguntas antecipadamente:

- Quais informações são relevantes ou fundamentais?
- Quem é o público ou o tomador de decisão? O que sabemos a respeito dele?
- Quais predisposições nosso público tem que possa fazê-lo apoiar ou resistir à nossa mensagem?
- Quais dados disponíveis reforçariam nossa tese? Nosso público conhece esses dados ou é novidade?
- Onde estão os riscos: quais fatores poderiam enfraquecer nossa tese e precisam ser olhados com atenção?
- Como seria um resultado bem-sucedido?
- Se você tivesse apenas um período de tempo limitado ou uma única frase para dizer ao seu público o que ele precisa saber, o que diria?

Em particular, acredito que as duas últimas perguntas podem levar a uma conversa reveladora. Saber qual é o resultado desejado antes de começar a preparar a comunicação é fundamental para estruturá-la bem. Colocar uma restrição significativa na mensagem (um curto período de tempo ou uma única frase) pode ajudá-lo a reduzir a comunicação global à única mensagem mais importante. Para isso, existem dois conceitos que recomendo saber e empregar: a história de 3 minutos e a Grande Ideia.

A história de 3 minutos e a Grande Ideia

A noção por trás de cada um desses conceitos é que você pode reduzir o "então, o quê" a um parágrafo e, em última análise, a uma única declaração concisa. É preciso realmente conhecer seu material — saber quais são as partes mais importantes e também o que não é essencial na versão simplificada. Embora pareça fácil, ser conciso muitas vezes é mais desafiador do que ser prolixo. O matemático e filósofo Blaise Pascal reconheceu isso em seu francês nativo, com uma declaração que, traduzida, em termos gerais, diz "Eu teria escrito uma carta mais curta, mas não tive tempo" (um pensamento frequentemente atribuído a Mark Twain).

A história de 3 minutos

A história de 3 minutos é exatamente isso: se você tivesse apenas três minutos para dizer ao seu público o que ele precisa saber, o que diria? Essa é uma maneira excelente de garantir que você seja claro e consiga articular a história que quer contar. A capacidade de fazer isso elimina sua dependência de slides ou utensílios para visualização para uma apresentação. Isso é útil na situação em que seu chefe pergunta no que você está trabalhando ou se você está em um elevador com um de seus interessados e quer dar a ele um resumo rápido. Ou então, se sua meia hora na agenda é reduzida para dez ou cinco minutos. Se você souber exatamente o que deseja comunicar, poderá fazer com que se encaixe no tempo dado, mesmo que não seja aquele para o qual está preparado.

A Grande Ideia

A Grande Ideia reduz o "então, o quê" ainda mais: a uma única frase. Esse é um conceito que Nancy Duarte discute em seu livro, Ressonância (Alta Books, 2012). Ela diz que a Grande Ideia tem três componentes:

1. Deve articular seu ponto de vista único;
2. Deve transmitir o que está em jogo; e
3. Deve ser uma frase completa.

Vamos considerar uma história de 3 minutos ilustrativa e a Grande Ideia aproveitando o exemplo do curso de verão sobre ciências apresentado antes.

> **História de 3 minutos:** *um grupo do nosso departamento de ciências estava em um debate livre sobre como resolver um problema permanente que temos com os alunos que chegam à quarta série. Parece que, quando as crianças têm sua primeira aula de ciências,*

chegam com a postura de que será difícil e que não gostarão. No início do ano escolar, demora um bom tempo para superar isso. Então, pensamos: e se tentarmos expor as crianças à ciência mais cedo? Podemos influenciar a percepção delas? Fizemos um projeto-piloto de um curso de aprendizado no verão passado, com o objetivo de fazer justamente isso. Convidamos alunos do ensino básico e formamos um grande grupo de crianças do segundo e do terceiro ano. Nosso objetivo era expô-los mais cedo à ciência, na esperança de formarmos uma percepção positiva. Para saber se fomos bem-sucedidos, avaliamos os alunos antes e depois do programa. Descobrimos que, ao entrar no programa, o maior segmento dos alunos, 40%, se sentia apenas "Bem" em relação à ciência, enquanto, após o programa, a maioria mudou para percepções positivas, com quase 70% do total de alunos expressando algum grau de interesse nas ciências. Achamos que isso demonstra o sucesso do programa e que devemos não apenas continuar a oferecê-lo, mas também expandir nosso alcance com sua continuidade.

Grande Ideia: *O programa piloto de verão foi um sucesso na melhoria das percepções dos alunos sobre ciências e, graças a esse sucesso, recomendamos continuar a oferecê-lo continuamente; favor aprovar nosso orçamento para esse programa.*

Quando você tiver articulado sua história clara e concisamente, criar o conteúdo para sua comunicação se tornará muito mais fácil. Vamos mudar de assunto agora e discutir uma estratégia específica no que diz respeito ao planejamento de conteúdo: o storyboard.

O storyboard

A criação de um Storyboard talvez seja a coisa mais importante a ser feita antecipadamente, para garantir que a comunicação construída atinja o ponto desejado. O storyboard estabelece uma estrutura para sua comunicação. É um resumo visual do conteúdo a ser criado. Pode estar sujeito a alteração, à medida que você trabalha nos detalhes, mas estabelecer uma estrutura desde cedo preparará você para o sucesso. Quando puder (e fizer sentido), obtenha a aceitação de seu cliente ou do interessado nessa etapa. Isso ajudará a garantir que o que está sendo planejado esteja alinhado com o que é necessário.

Com relação ao storyboard, o maior conselho que posso dar é este: não comece com software de apresentação. É muito fácil entrar no modo de geração de slides sem pensar em como as partes se encaixam e acabar com uma apresentação pesada que não diz nada. Além disso, quando começamos a criar conteúdo no computador, acontece algo que nos faz criar um certo apego. E esse apego pode ser tal que, mesmo sabendo que o que criamos não está exatamente de acordo ou que deve ser alterado ou eliminado, às vezes resistimos a fazer isso, por causa do trabalho já dispendido nele para chegar ao ponto onde está.

Evite esse apego (e trabalho!) desnecessário, começando com tecnologia simples. Use um quadro de avisos, notas adesivas ou papel. É muito mais fácil rabiscar uma ideia em uma folha de papel ou jogar fora uma nota adesiva sem ter o mesmo sentimento de perda de quando se corta algo em que passou tempo criando com o computador. Gosto de usar notas adesivas quando faço o storyboard, porque é possível reorganizar (e adicionar e remover) as partes facilmente, para explorar diferentes fluxos de narrativa.

Se fizéssemos o storyboard de nossa comunicação para o curso de verão sobre ciências, ele poderia ser como a Figura 1.2.

Note que nesse exemplo de storyboard a Grande Ideia está no final, na recomendação. Talvez queiramos pensar na possibilidade de destacá-lo para garantir que nosso público não perca o ponto principal e para ajudar a definir o motivo pelo qual estamos nos comunicando com ele e porque ele deve se preocupar com isso. Vamos discutir mais considerações relacionadas à ordem e ao fluxo da narrativa no Capítulo 7.

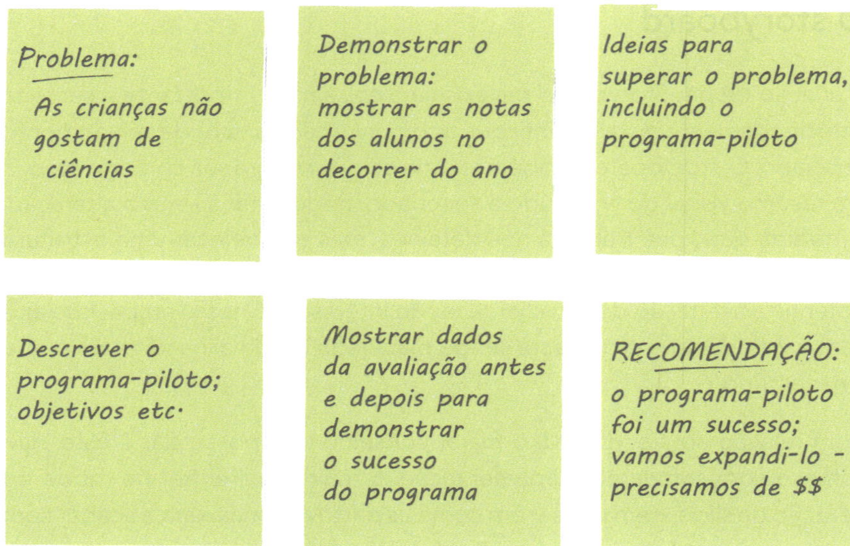

FIGURA 1.2 Exemplo de storyboard

Encerramento

Quando se trata de análise explanatória, a capacidade de articular de forma concisa e exata com quem você deseja se comunicar e o que deseja transmitir, antes de começar a construir conteúdo, reduz as iterações e ajuda a garantir que a comunicação construída atinja a finalidade pretendida. Compreender e empregar conceitos como a história de 3 minutos, a Grande Ideia e o storyboard permitirá que você conte sua história clara e sucintamente e identifique o fluxo desejado.

Embora fazer uma pausa antes de realmente elaborar a comunicação possa parecer uma etapa que diminui sua velocidade, na verdade isso ajuda a garantir que você tenha um sólido entendimento do que quer fazer antes de começar a criar conteúdo, o que fará com que economize tempo mais adiante.

Com isso, considere sua primeira lição aprendida. Agora você **entende a importância do contexto**.

capítulo dois

a escolha de um visual eficaz

Existem muitos gráficos diferentes e outros tipos de exibições de informação visuais, mas alguns poucos funcionarão para a maioria das suas necessidades. Ao rever as mais de 150 apresentações que criei para workshops e projetos de consultoria no ano passado, notei que utilizei apenas uma dúzia de modelos visuais diferentes (Figura 2.1). Focaremos neles neste capítulo.

91%

Texto simples

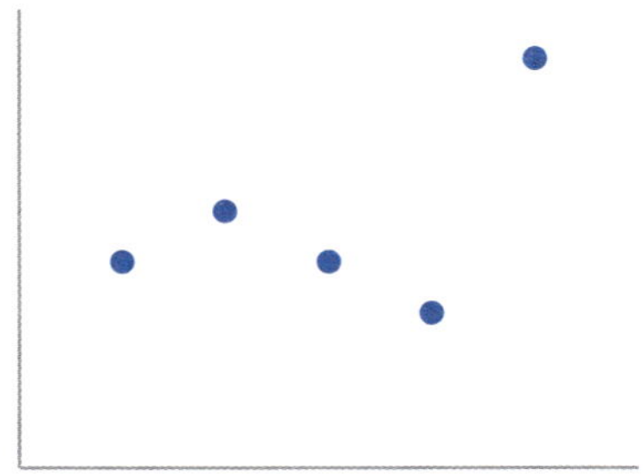

Gráfico de dispersão

	A	B	C
Categoria 1	15%	22%	42%
Categoria 2	40%	36%	20%
Categoria 3	35%	17%	34%
Categoria 4	30%	29%	26%
Categoria 5	55%	30%	58%
Categoria 6	11%	25%	49%

Tabela

Linha

	A	B	C
Categoria 1	15%	22%	42%
Categoria 2	40%	36%	20%
Categoria 3	35%	17%	34%
Categoria 4	30%	29%	26%
Categoria 5	55%	30%	58%
Categoria 6	11%	25%	49%

Mapa de calor

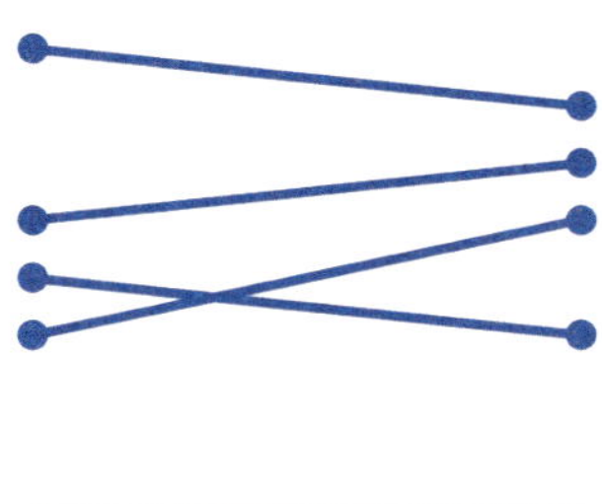

Mapa de inclinação

FIGURA 2.1 Os visuais que mais uso

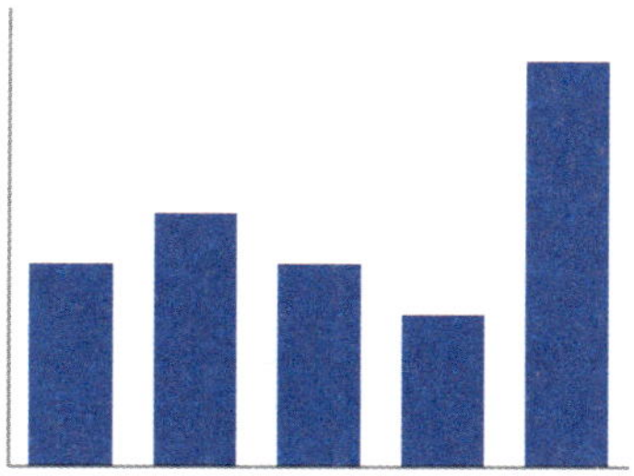
Barras verticais

Barras horizontais

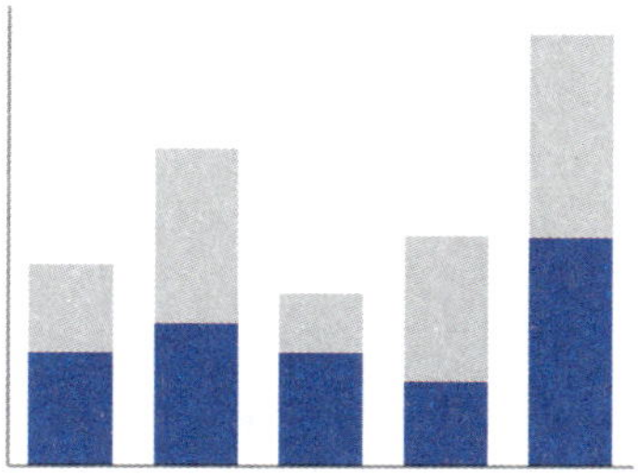
Barras verticais empilhadas

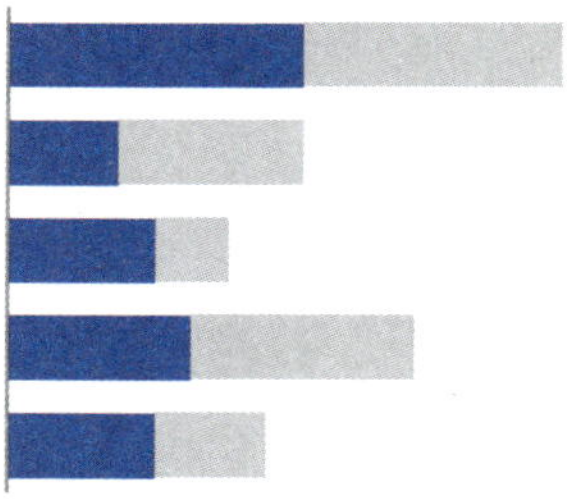
Barras horizontais empilhadas

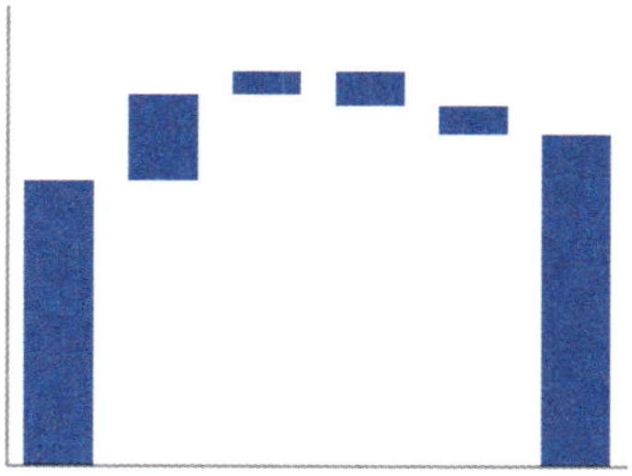
Cascata

Área quadrada

Texto simples

Quando você tem apenas um número ou dois para compartilhar, um simples texto pode ser uma ótima maneira de comunicar. Pense na possibilidade de usar somente o número — destacando-o o máximo possível — e algumas palavras de apoio para esclarecer seu ponto. Além de ser potencialmente enganador, colocar um ou dois números em uma tabela ou gráfico simplesmente faz com que eles percam parte de sua força. Quando você tiver um ou dois números que deseja comunicar, pense na possibilidade de usá-los sozinhos.

Para ilustrar esse conceito, vamos considerar o exemplo a seguir. Um gráfico semelhante à Figura 2.2 acompanhou um relatório do Pew Research Center em abril de 2014 sobre mães que ficam em casa.

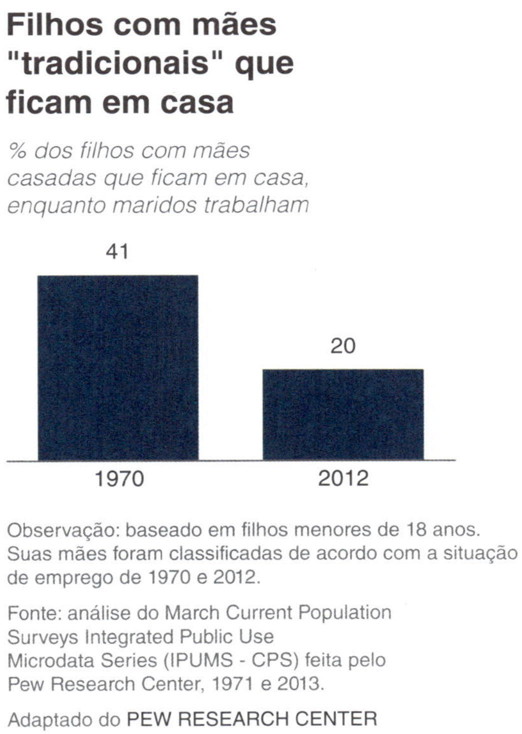

FIGURA 2.2 Gráfico original das mães que ficam em casa

O fato de você ter alguns números não significa que precisa de um gráfico! Na Figura 2.2, muito texto e espaço são usados para um total de *dois* números. O gráfico não ajuda muito na interpretação deles (e o posicionamento de legendas de dados fora das barras pode até deformar sua percepção de altura relativa, como o fato de 20 ser menos da metade de 41 não ser percebido visualmente).

Nesse caso, bastaria uma simples frase: *20% dos filhos tinham mães tradicionais que ficavam em casa em 2012, comparados com 41% em 1970.*

Como alternativa, em uma apresentação ou relatório, você poderia fazer como na Figura 2.3.

20%

dos filhos tinham **mães que trabalhavam em casa** em 2012, comparados com 41% em 1970

FIGURA 2.3 Remodelação do texto sobre mães que ficam em casa

Como uma observação secundária, uma consideração nesse exemplo específico poderia ser feita se você quisesse mostrar uma métrica totalmente diferente. Por exemplo, você poderia recompor o texto em termos da mudança percentual: "O número de filhos com mães tradicionais que ficam em casa diminuiu mais de 50% entre 1970 e 2012". Contudo, aconselho ter cautela sempre que reduzir vários números a apenas um — pense no contexto que pode ser perdido ao se fazer isso. Nesse caso, acho que a magnitude dos números (20% e 41%) é útil para interpretar e entender a mudança.

Quando você tem apenas um ou dois números que deseja comunicar: *use os números diretamente.*

Quando você tem mais dados a mostrar, geralmente, uma tabela ou um gráfico é o caminho. Um detalhe a entender é que as pessoas interagem diferentemente com esses dois tipos de visuais. Vamos discutir cada um em detalhes e ver algumas variedades e casos de uso específicos.

Tabelas

As tabelas interagem com nosso sistema verbal, o que significa que nós as *lemos*. Quando vejo uma tabela, normalmente aponto com meu dedo indicador: leio as linhas e colunas ou comparo valores. As tabelas são ótimas justamente para isso — comunicar para um público misto, cujos membros procurarão, cada um, sua linha de interesse particular. Se você precisa comunicar várias unidades de medida diferentes, normalmente isso também é mais fácil com uma tabela do que com um gráfico.

Tabelas em apresentações ao vivo

Raramente é uma boa ideia usar uma tabela em uma apresentação ao vivo. Enquanto seu público a lê, você não consegue que ele o ouça e perde sua atenção ao realçar um fato verbalmente. Ao usar uma tabela em uma apresentação ou relatório, pergunte-se: o que estou tentando dizer? Provavelmente haverá um modo melhor de selecionar e visualizar a parte (ou partes) de interesse. Caso ache que está perdendo muito com isso, talvez incluir a tabela inteira no apêndice e um link ou referência a ela satisfaça as necessidades de seu público.

Algo a se ter em mente em relação às tabelas é que o design deve assumir um papel secundário, permitindo que os dados fiquem em primeiro plano. Não deixe que bordas grossas ou sombreado chamem a atenção. Em vez disso, pense em usar bordas claras ou simplesmente espaço em branco para separar os elementos da tabela.

Dê uma olhada nos exemplos de tabela da Figura 2.4. Ao fazer isso, note como os dados se sobressaem mais que os componentes estruturais da tabela na segunda e terceira iterações (bordas claras, bordas mínimas).

Bordas grossas

Grupo	Métrica A	Métrica B	Métrica C
Grupo 1	$X.X	Y%	Z,ZZZ
Grupo 2	$X.X	Y%	Z,ZZZ
Grupo 3	$X.X	Y%	Z,ZZZ
Grupo 4	$X.X	Y%	Z,ZZZ
Grupo 5	$X.X	Y%	Z,ZZZ

Bordas claras

Grupo	Métrica A	Métrica B	Métrica C
Grupo 1	$X.X	Y%	Z,ZZZ
Grupo 2	$X.X	Y%	Z,ZZZ
Grupo 3	$X.X	Y%	Z,ZZZ
Grupo 4	$X.X	Y%	Z,ZZZ
Grupo 5	$X.X	Y%	Z,ZZZ

Bordas mínimas

Grupo	Métrica A	Métrica B	Métrica C
Grupo 1	$X.X	Y%	Z,ZZZ
Grupo 2	$X.X	Y%	Z,ZZZ
Grupo 3	$X.X	Y%	Z,ZZZ
Grupo 4	$X.X	Y%	Z,ZZZ
Grupo 5	$X.X	Y%	Z,ZZZ

FIGURA 2.4 Bordas de tabela

As bordas devem ser usadas para melhorar a legibilidade da tabela. Pense na possibilidade de empurrá-las para o fundo, tornando-as cinza, ou de desfazer-se delas totalmente. São os dados que devem ser salientados, não as bordas.

Leitura recomendada

Para mais informações sobre design de tabelas, consulte o livro *Show Me the Numbers* (em inglês), de Stephen Few. Há um capítulo inteiro dedicado ao design de tabelas, com discussão sobre os componentes estruturais e as melhores práticas no design de tabelas.

A seguir, vamos mudar nosso foco para um caso especial de tabelas: o mapa de calor.

Mapa de calor

Usar mapas de calor é um jeito de misturar detalhes em uma tabela usando pistas visuais. O mapa de calor é um modo de visualizar dados em formato tabular, no qual, em vez dos números (ou além deles), você utiliza células coloridas que transmitem a magnitude relativa dos números.

Considere a Figura 2.5, que mostra alguns dados genéricos em uma tabela e também um mapa de calor.

Tabela

	A	B	C
Categoria 1	15%	22%	42%
Categoria 2	40%	36%	20%
Categoria 3	35%	17%	34%
Categoria 4	30%	29%	26%
Categoria 5	55%	30%	58%
Categoria 6	11%	25%	49%

Mapa de Calor

BAIXO **ALTO**

	A	B	C
Categoria 1	15%	22%	42%
Categoria 2	40%	36%	20%
Categoria 3	35%	17%	34%
Categoria 4	30%	29%	26%
Categoria 5	55%	30%	58%
Categoria 6	11%	25%	49%

FIGURA 2.5 Duas visualizações dos mesmos dados

Leia os dados da tabela da Figura 2.5. Surpreendi a mim mesma percorrendo as linhas e colunas para entender o que estava olhando, onde os números estavam mais altos ou baixos e classificando mentalmente as categorias apresentadas.

Para reduzir esse processo mental, podemos usar **saturação de cor** a fim de fornecer pistas visuais, ajudando nossos olhos e cérebro a atingir mais rapidamente os possíveis pontos de interesse. Na segunda iteração da tabela, à direita, intitulada "Mapa de calor", quanto mais alta a saturação de azul, maior o número. Isso facilita e agiliza o processo de distinguir as extremidades do espectro — o número mais baixo (11%) e o mais alto (58%) — do que na tabela original, onde não tínhamos nenhum indício visual para ajudar a direcionar nossa atenção.

Os aplicativos de geração de gráficos (como o Excel) normalmente têm funcionalidade de formatação condicional incorporada que permite aplicar com facilidade uma formatação como a que aparece na Figura 2.5. Ao utilizá-la, certifique-se de sempre incluir uma legenda para ajudar o leitor a interpretar os dados (neste caso, o subtítulo BAIXO-ALTO no mapa de calor, com cores correspondentes à formatação condicional tem esse objetivo).

A seguir, vamos discutir os visuais em que tendemos a pensar quando se trata de comunicação com dados: gráficos.

Gráficos

Enquanto as tabelas interagem com nosso sistema verbal, os gráficos interagem com nosso sistema visual, que é mais rápido no processamento de informações. Isso significa que um gráfico bem projetado normalmente comunicará a informação mais rápido que uma tabela bem projetada. Conforme mencionei no início deste capítulo, existem muitos tipos de gráfico. A boa notícia é que basta alguns deles para satisfazer a maioria de suas necessidades diárias.

Os tipos de gráficos que uso frequentemente caem em quatro categorias: pontos, linhas, barras e área. Vamos examiná-los com mais atenção e discutir os subtipos que uso regularmente, com casos de uso e exemplos de cada um.

Gráfico ou grafo?

Alguns fazem distinção entre gráficos e grafos. Normalmente, "gráfico" é a categoria mais ampla, sendo os "grafos" um dos subtipos (outros tipos de gráfico incluem os mapas e os diagramas). Não tendo a fazer essa distinção, pois quase todos os gráficos com que lido regularmente são grafos. Neste livro, uso as palavras *gráfico* e *grafo* indistintamente.

Pontos

Gráfico de dispersão

Os gráficos de dispersão podem ser úteis para mostrar a relação entre duas coisas, pois eles permitem codificar dados simultaneamente em um eixo *x* horizontal e um eixo *y* vertical para ver se e qual relação existe. Eles tendem a ser mais usados nos campos científicos (e, talvez por isso, às vezes são considerados complicados de entender para quem está menos familiarizado com eles). Embora seja raro, também existem casos de uso de gráficos de dispersão no mundo dos negócios.

Por exemplo, digamos que gerenciamos uma frota de ônibus e queremos entender a relação entre as milhas dirigidas e o custo por milha. O gráfico de dispersão pode ser como o da Figura 2.6.

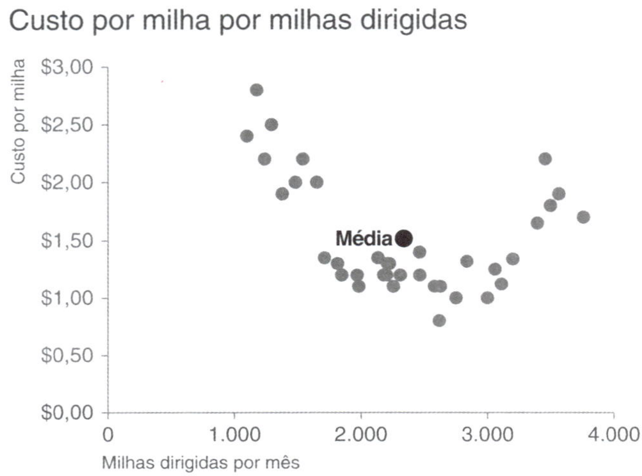

FIGURA 2.6 Gráfico de dispersão

Se quisermos focar nos casos nos quais o custo por milha está acima da média, um gráfico de dispersão ligeiramente modificado, projetado para levar nossos olhos para lá mais rapidamente, poderia ser como o da Figura 2.7.

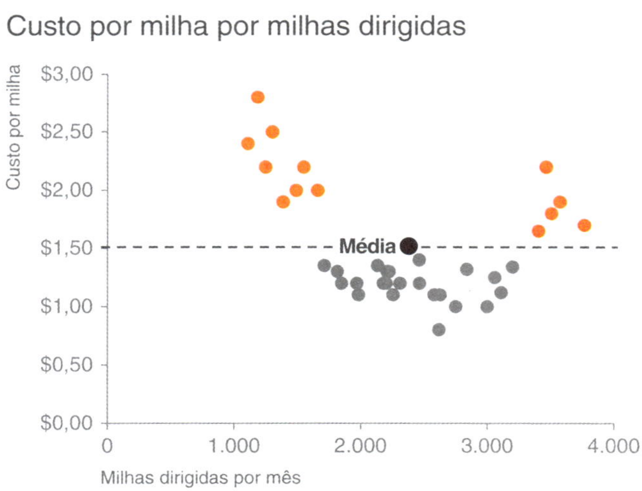

FIGURA 2.7 Gráfico de dispersão modificado

Podemos usar a Figura 2.7 para observar que o custo por milha é mais alto que a média quando abaixo de cerca de 1.700 milhas ou acima de 3.300

milhas, para a amostra observada. Nos próximos capítulos, vamos falar mais sobre as escolhas de design feitas aqui e os motivos para elas.

Linhas

Os gráficos de linhas são mais usados para registrar dados contínuos. Como os pontos são fisicamente conectados por meio da linha, isso indica uma conexão entre eles que pode não fazer sentido para dados categóricos (um conjunto de dados classificados ou divididos em diferentes categorias). Frequentemente, nossos dados contínuos estão em alguma unidade de tempo: dias, meses, trimestres ou anos.

Dentro da categoria gráfico de linha, existem dois tipos que uso frequentemente: o gráfico de linhas padrão e o gráfico de inclinação.

Gráfico de linhas

O gráfico de linhas pode mostrar apenas uma, duas ou várias séries de dados, como ilustrado na Figura 2.8.

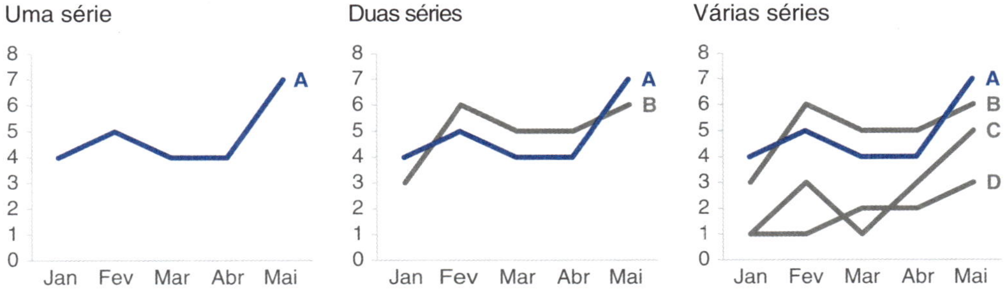

FIGURA 2.8 Gráficos de linha

Note que, quando o tempo está sendo representado no eixo *x* horizontal de um gráfico de linhas, os dados traçados devem estar em intervalos coerentes. Vi, recentemente, um gráfico em que as unidades do eixo *x* eram décadas de 1900 em diante (1910, 1920, 1930 etc.) e, então, trocadas para anuais depois de 2010 (2011, 2012, 2013, 2014). Isso significava que a distância entre os pontos de década e os pontos anuais pareciam iguais. Essa é uma maneira enganosa de mostrar dados. Seja coerente nos pontos de tempo que representar.

Mostrando a média dentro de um intervalo em um gráfico de linhas

Em alguns casos, a linha do gráfico de linhas pode representar um resumo estatístico, como a média, ou o ponto estimado de uma previsão. Se você também quer dar uma ideia do intervalo (ou do nível de confiança, dependendo da situação), pode fazer isso diretamente no gráfico, visualizando também esse intervalo. Por exemplo, o gráfico da Figura 2.9 mostra os tempos de espera mínimo, médio e máximo no controle de passaportes de um aeroporto em um período de 13 meses.

Tempo de espera no controle de passaportes
Últimos 13 meses

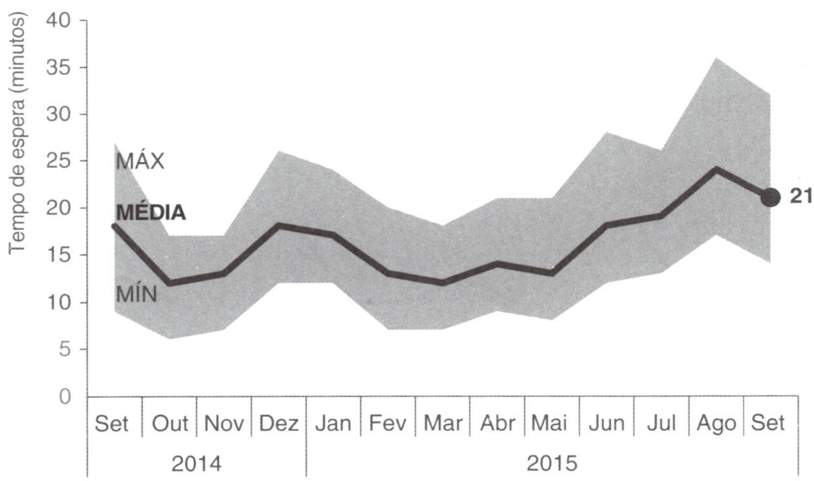

FIGURA 2.9 Mostrando a média dentro de um intervalo em um gráfico de linhas

Gráfico de inclinação

Os gráficos de inclinação são úteis quando você tem dois períodos de tempo ou pontos de comparação e quer mostrar rapidamente os aumentos ou diminuições relativas ou as diferenças de várias categorias entre os dois pontos de dados.

A melhor maneira de explicar o valor e o caso de uso dos gráficos de inclinação é por meio de um exemplo. Imagine que você está analisando e comunicando dados de uma recente pesquisa de opinião de funcionários. Para mostrar a mudança relativa nas categorias da pesquisa de 2014 a 2015, o gráfico de inclinação poderia ser como o da Figura 2.10.

Os gráficos de inclinação contêm muitas informações. Além dos valores absolutos (os pontos), as linhas que os conectam fornecem o aumento ou decréscimo visual na taxa de mudança (por meio da inclinação ou direção), sem a necessidade de explicar que é isso que estão fazendo ou exatamente qual é a "taxa de mudança" — isso é intuitivo.

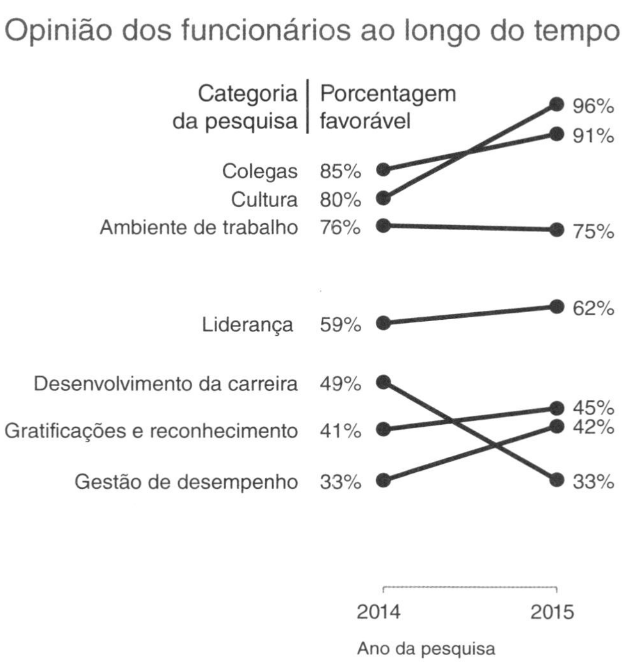

FIGURA 2.10 Gráfico de inclinação

Modelo de gráfico de inclinação

Os gráficos de inclinação podem exigir um pouco de paciência em sua execução, pois muitas vezes não são um dos gráficos padrão incluídos nos aplicativos de geração de gráficos. Um modelo do Excel com um exemplo de gráfico de inclinação e instruções para uso personalizado pode ser baixado aqui (conteúdo em inglês): storytellingwithdata.com/slopegraph-template.

Se um gráfico de inclinação vai funcionar em sua situação específica, depende dos dados em si. Se muitas linhas estão se sobrepondo, o gráfico pode não funcionar, embora, em alguns casos, você ainda possa enfatizar uma série por vez com sucesso. Por exemplo, podemos chamar a atenção para a categoria do exemplo anterior que diminuiu ao longo do tempo.

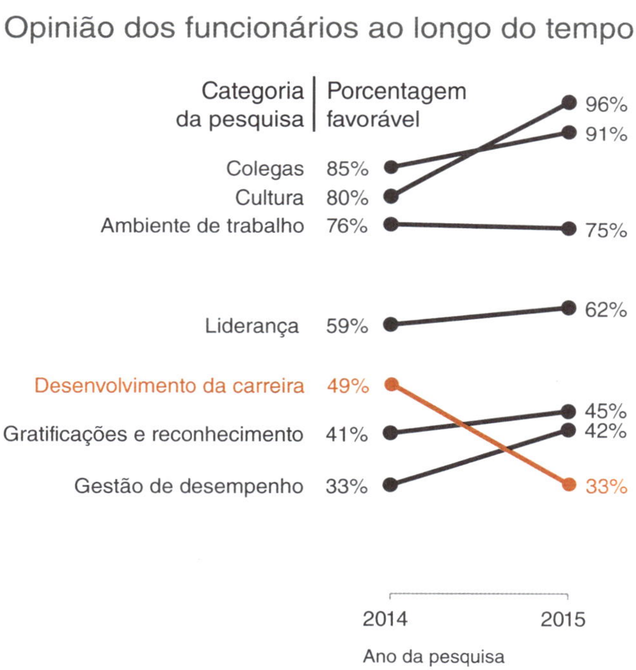

FIGURA 2.11 Gráfico de inclinação modificado

Na Figura 2.11, nossa atenção se volta imediatamente para a diminuição no "Desenvolvimento da carreira", enquanto o restante dos dados é preservado para contextualizar, sem disputar a atenção. Vamos falar sobre a estratégia por trás disso ao discutirmos os atributos pré-atentivos, no Capítulo 4.

Enquanto as linhas funcionam bem para mostrar dados através do tempo, as barras tendem a ser meu gráfico preferido para representar dados categóricos, nos quais a informação é organizada em grupos.

Barras

Às vezes os gráficos de barras são evitados por serem comuns. Isso é um erro. Os gráficos de barras devem ser aproveitados *porque são comuns*, pois isso significa menos curva de aprendizado para seu público. Em vez de usar o poder do cérebro para tentar ler o gráfico, seu público o utiliza para decidir qual informação extrair da apresentação.

Nossos olhos leem gráficos de barras facilmente. Eles comparam os pontos extremos das barras, de modo que é fácil ver rapidamente qual é a categoria maior, qual é a menor e a diferença incremental entre as categorias. Note que, devido ao modo como nossos olhos comparam os pontos extremos relativos das barras, é importante que os gráficos de barras sempre tenham uma linha de base zero (em que o eixo *x* cruza o eixo *y* em zero); caso contrário, você obterá uma comparação visual falsa.

Considere a Figura 2.12, da Fox News.

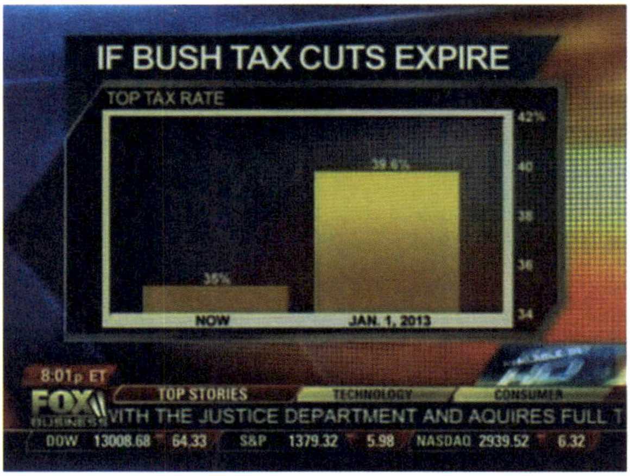

FIGURA 2.12 Gráfico de barras da Fox News

Para este exemplo, vamos imaginar que estamos no outono de 2012. Nos perguntamos o que acontecerá se os cortes de impostos de Bush expirarem. No lado esquerdo, temos que atualmente a alíquota é de 35% e no lado direito qual será em 1° de janeiro, 39,6%.

Quando você olha esse gráfico, como ele faz você se sentir em relação à possível expiração dos cortes de impostos? Talvez preocupado com o enorme aumento? Vamos ver mais de perto.

Note que o número inferior no eixo vertical (mostrado na extremidade direita) não é zero, mas 34. Isso significa que as barras, teoricamente, devem continuar para baixo até a parte inferior da página. De fato, do modo como isso está representado, o aumento visual é de *460%* (as alturas das barras são 35 – 34 = 1 e 39,6 – 34 = 5,6; assim, (5,6 – 1) / 1 = 460%). Se mostrarmos as barras com uma linha de base zero, de modo que as alturas sejam representadas (35 e 39,6), obteremos um aumento visual real de *13%* (39,6 – 35) / 35). Vamos ver em uma comparação lado a lado, na Figura 2.13.

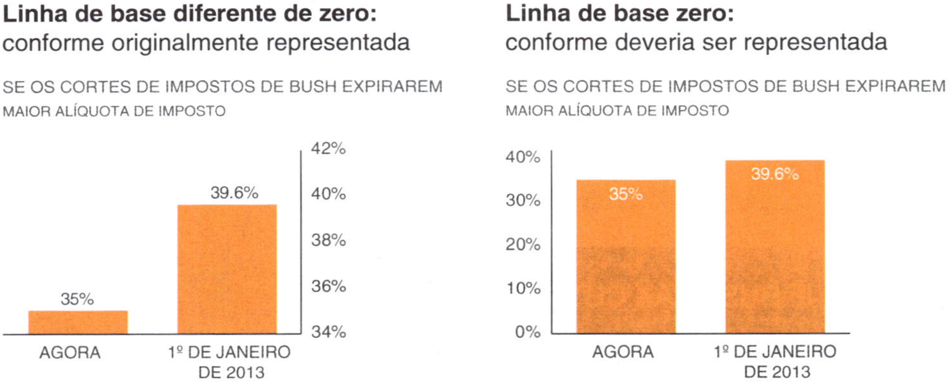

FIGURA 2.13 Os gráficos de barra devem ter uma linha de base zero

Na Figura 2.13, o que vimos como um enorme aumento à esquerda é consideravelmente reduzido quando representado adequadamente. Talvez o aumento do imposto não seja tão preocupante ou pelo menos não tão sério quanto originalmente representado. Devido ao modo como nossos olhos comparam os pontos extremos relativos das barras, é importante ter o contexto da barra inteira para se fazer uma comparação precisa.

Você notará que foram feitas duas outras alterações no design na reconstrução dessa apresentação. As legendas do eixo *y*, que estavam colocadas no lado direito do gráfico original, foram movidas para a esquerda (para vermos como interpretar os dados antes de chegarmos aos dados reais). As legendas de dados que estavam originalmente fora das barras foram colocadas dentro para reduzir a saturação. Se eu fosse representar esses dados fora desta lição específica, poderia omitir o eixo *y* inteiramente e mostrar apenas as legendas de dados dentro das barras para reduzir a informação redundante. Contudo, neste caso, preservei o eixo para deixar claro que ele começa em zero.

Eixo de gráfico versus legendas de dados

Ao se representar dados em gráficos, uma decisão comum a tomar é se as legendas de eixo serão preservadas ou se os eixos serão eliminados e os pontos de dados legendados diretamente. Ao tomar essa decisão, considere o grau de especificidade necessário. Se quiser que seu público se concentre nas tendências gerais, preserve o eixo, mas retire sua ênfase, tornando-o cinza. Se os valores numéricos específicos forem importantes, talvez seja melhor legendar os pontos de dados. Neste caso, normalmente é melhor omitir o eixo para evitar a inclusão de informação redundante. Sempre considere como você quer que seu público use o visual e construa-o de forma correspondente.

A regra que ilustramos aqui é que os gráficos de *barras devem ter uma linha de base zero.* Note que essa regra não se aplica aos gráficos de linhas. Neles, como o enfoque é a posição relativa no espaço (em vez do comprimento da linha de base ou do eixo), você pode usar uma linha de base diferente de zero. Mas deve ter cuidado — deixe claro ao seu público que você está usando uma linha de base diferente de zero e leve em conta o contexto para não exagerar e fazer com que pequenas mudanças ou diferenças pareçam significativas.

Ética e visualização de dados

E se mudar a escala em um gráfico de barras ou manipular os dados reforçar a ideia que você quer passar? Não é correto enganar dessa maneira, visualizando dados de modo inexato. Além das preocupações com a ética, esse é um território arriscado. Basta um público perspicaz notar o problema (por exemplo, o eixo *y* de um gráfico de barras começando em algo diferente de zero) e todo seu argumento será jogado pela janela, junto com sua credibilidade.

Enquanto estamos considerando comprimentos de barras, vamos examinar a *largura*. Não há uma regra obrigatória aqui, mas, em geral, as barras devem ser mais largas que o espaço em branco entre elas. Contudo, você não quer que as barras sejam tão largas a ponto de seu público querer comparar áreas, em vez de comprimentos. Considere os seguintes "cachinhos dourados" dos gráficos de barra: finas demais, grossas demais e corretas.

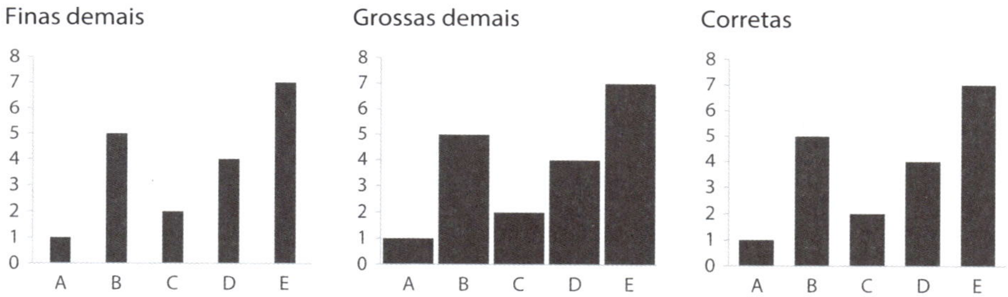

FIGURA 2.14 Largura de barra

Discutimos algumas das melhores práticas quando se trata de gráficos de barras em geral. A seguir, vamos ver algumas variações. Ter diversos gráficos de barras à disposição proporciona a você flexibilidade ao se deparar com diferentes desafios de visualização de dados. Vamos ver os que considero que você deve conhecer.

Gráfico de barras verticais

O gráfico de barras básico é o de barras verticais, ou gráfico de colunas. Como os gráficos de linhas, os gráficos de barras verticais podem ter uma, duas ou várias séries. Note que, à medida que séries de dados são adicionadas, torna-se mais difícil enfocar uma por vez e entender; portanto, use gráficos de barras com várias séries com cuidado. Saiba também que ocorre um agrupamento visual como resultado do espaçamento em gráficos de barras com mais de uma série de dados. Isso torna a ordem relativa da categorização importante. Considere que você quer que seu público possa fazer comparações, e estruture sua hierarquia de categorização de forma a tornar isso o mais fácil possível.

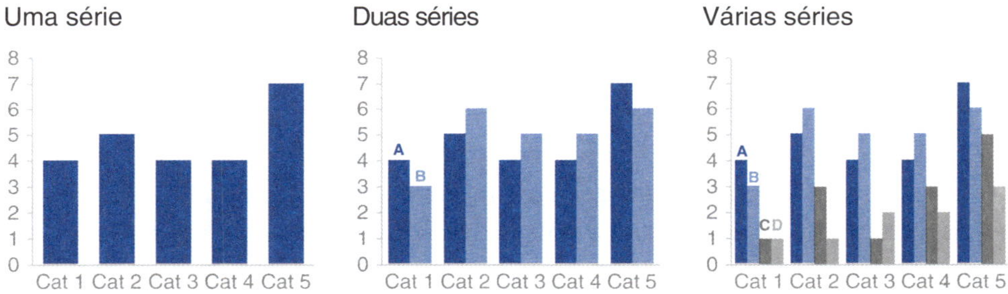

FIGURA 2.15 Gráficos de barras

Gráfico de barras verticais empilhadas

Os casos de uso para gráficos de barras verticais empilhadas são mais limitados. Eles se destinam a permitir a comparação de totais entre categorias e ainda para visualizar as partes subcomponentes dentro de determinada categoria. No entanto, isso pode se tornar confuso rapidamente — especialmente dada a variedade de esquemas de cores padrão na maioria dos aplicativos de geração de gráficos (mais informações sobre isso adiante). É difícil comparar os subcomponentes dentre as várias categorias, uma vez que você ultrapasse a série inferior (aquela imediatamente ao lado do eixo *x*), pois não há mais uma linha de base coerente para usar na comparação. Isso dificulta a comparação para nossos olhos, como ilustrado na Figura 2.16.

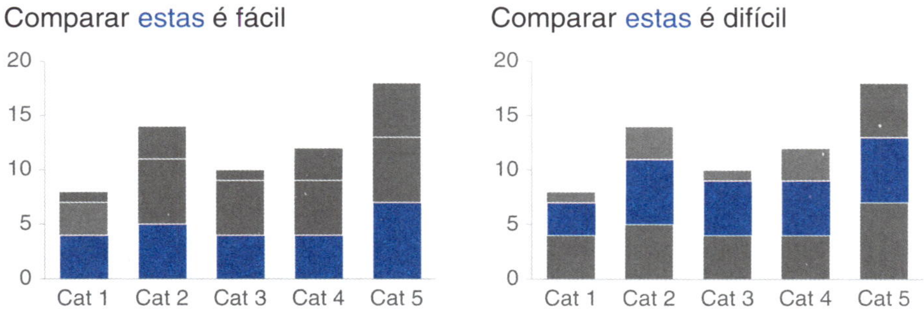

FIGURA 2.16 Comparando séries com gráficos de barras empilhadas

O gráfico de barras verticais empilhadas pode ser estruturado como números absolutos (em que você representa os números diretamente, como mostrado na Figura 2.16) ou com cada coluna somando 100% (em que você representa a porcentagem do total de cada segmento vertical; vamos ver um exemplo específico disso no Capítulo 9). Qual você escolhe depende do que está tentando comunicar para seu público. Quando você usar a barra empilhada em 100%, pense se faz sentido incluir também os números absolutos para cada total de categoria (de modo discreto, diretamente no gráfico, ou possivelmente em uma nota de rodapé), os quais podem ajudar na interpretação dos dados.

Gráfico de cascata

O gráfico de cascata pode ser usado para separar as partes de um gráfico de barras empilhadas a fim de se focalizar uma por vez ou para mostrar um ponto de partida, aumentos ou reduções e o ponto final resultante.

A melhor maneira de ilustrar o caso de uso para um gráfico de cascata é por meio de um exemplo. Imagine que você é um parceiro comercial de RH e quer entender e comunicar ao seu cliente como o número de funcionários mudou no último ano.

Um gráfico de cascata mostrando essa decomposição poderia ser como o da Figura 2.17.

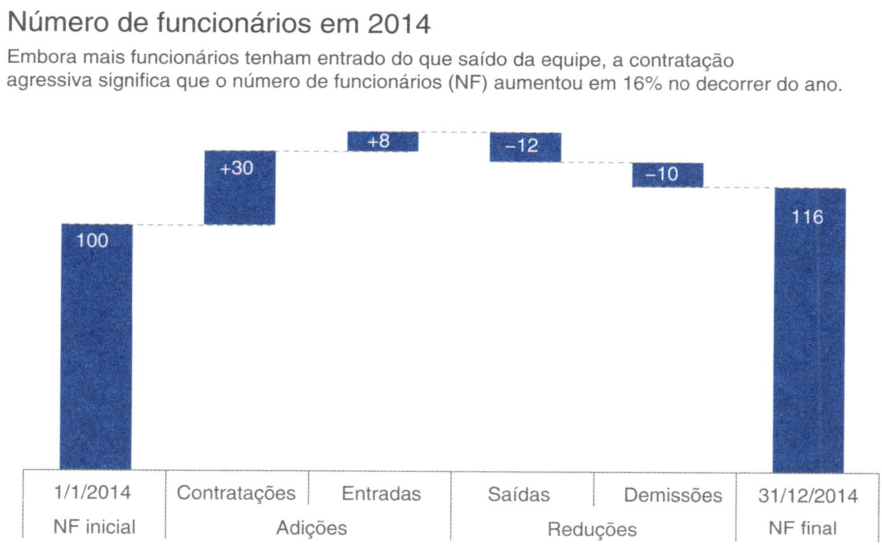

FIGURA 2.17 Gráfico de cascata

No lado esquerdo, vemos o número de funcionários na equipe no início do ano. Ao nos movermos para a direita, primeiro encontramos as adições incrementais: novas contratações e funcionários de outras partes da empresa entrando na equipe. A isso seguem-se as reduções: saídas da equipe para outras partes da empresa e perda de pessoal. A última coluna representa o número de funcionários no final do ano, após as adições e reduções serem aplicadas ao início da contagem no ano.

Gráficos de cascata por força bruta

Se seu aplicativo de geração de gráficos não tem funcionalidade para gráficos de cascata, não se preocupe. O segredo é aproveitar o gráfico de barras empilhadas e tornar a primeira série (a que aparece mais perto do eixo *x*) invisível. Isso exige um pouco de matemática para definir corretamente, mas funciona. Uma postagem (em inglês) no blog sobre este assunto, junto com um exemplo de versão no Excel do gráfico anterior e instruções sobre como definir um para seus propósitos, pode ser baixada em storytellingwithdata.com/waterfall-chart.

Gráfico de barras horizontais

Se eu tivesse que escolher um único gráfico para dados categóricos, seria o de barras horizontais, que vira de lado a versão vertical. Por quê? Porque ele é *extremamente fácil de ler*. O gráfico de barras horizontais é particularmente útil se seus nomes de categoria são longos, pois o texto é escrito da esquerda para a direita, conforme a maioria lê, facilitando a leitura do gráfico para seu público. Além disso, graças ao modo como normalmente processamos informações — começando à esquerda e em cima, e fazendo Zs com nossos olhos na tela ou página —, a estrutura do gráfico de barras horizontais é tal que nossos olhos atingem os nomes de categoria antes dos dados. Isso significa que, ao chegarmos aos dados, já sabemos o que eles representam (em vez dos movimentos rápidos, para frente e para trás, que nossos olhos fazem entre os dados e os nomes de categoria nos gráficos de barras verticais).

Assim como o gráfico de barras verticais, o gráfico de barras horizontais pode ter uma, duas ou várias séries (Figura 2.18).

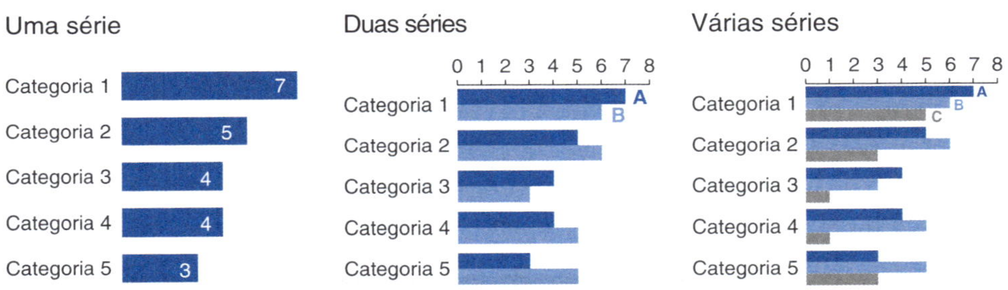

FIGURA 2.18 Gráficos de barras horizontais

A ordenação lógica das categorias

Ao projetar qualquer gráfico que mostre dados categóricos, reflita sobre como as categorias são ordenadas. Se houver uma ordem natural, pode fazer sentido aproveitá-la. Por exemplo, se suas categorias são grupos etários — 0 a 10 anos, 11 a 20 anos e assim por diante —, mantenha as categorias em ordem numérica. No entanto, se não houver nas categorias uma ordem natural que faça sentido aproveitar, considere qual ordenação de seus dados fará mais sentido. Ser cuidadoso aqui pode significar transmitir um conceito para seu público, facilitando o processo de interpretação.

Seu público (sem outras dicas visuais) normalmente verá sua apresentação a partir da parte superior esquerda de seu gráfico, ziguezagueando em forma de "z". Isso significa que encontrará primeiro a parte superior do gráfico. Se a maior categoria é a mais importante, coloque essa primeiro e organize as restantes em ordem numérica decrescente. Ou, se a menor é a mais importante, coloque essa na parte superior e organize pelos valores de dados em ordem crescente.

Para um exemplo específico sobre a ordenação lógica de dados, veja o estudo de caso 3 no Capítulo 9.

Gráfico de barras horizontais empilhadas

Semelhantes ao gráfico de barras verticais empilhadas, os gráficos de barras horizontais empilhadas podem ser usados para mostrar os totais em diferentes categorias, mas também dar uma ideia das partes subcomponentes. Eles podem ser estruturados de forma a mostrar valores absolutos ou a soma até 100%.

Eu acho que esta última estratégia pode funcionar bem para visualizar partes de um todo em uma escala do negativo para o positivo, pois você obtém uma linha de base coerente nas extremidades esquerda e direita, permitindo uma fácil comparação das partes mais à esquerda e mais à direita. Por exemplo, essa estratégia pode funcionar bem para visualizar dados de pesquisa coletados ao longo de uma escala Likert (uma escala comumente usada em pesquisas, que normalmente varia de Discordo Totalmente a Concordo Totalmente), como mostrado na Figura 2.19.

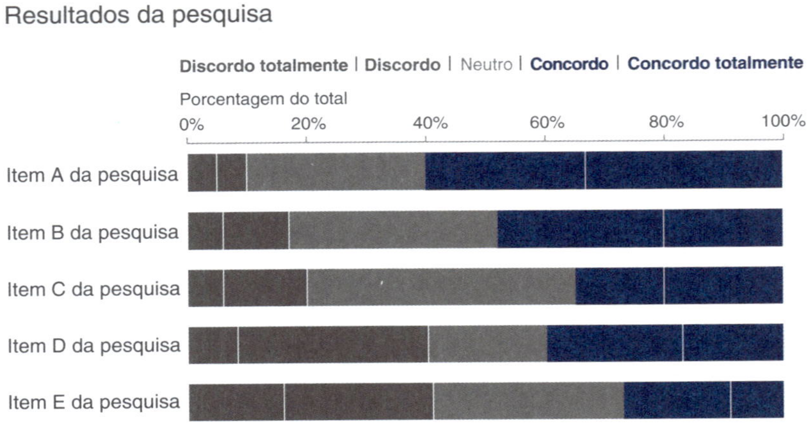

FIGURA 2.19 Gráfico de barras horizontais empilhadas a 100%

Área

Eu evito a maioria dos gráficos de área. Os olhos humanos não conseguem atribuir bem o valor quantitativo no espaço bidimensional, o que pode dificultar a leitura dos gráficos de área se comparado com alguns dos outros tipos de apresentações visuais que discutimos. Por isso, eu normalmente os evito, com uma exceção — quando preciso visualizar números de magnitudes amplamente diferentes. A segunda dimensão que se obtém usando um quadrado (que tem altura e largura, comparado com uma barra que tem apenas altura *ou* largura) permite que isso seja feito de um modo mais compacto do que é possível com apenas uma dimensão, como mostrado na Figura 2.20.

FIGURA 2.20 Gráfico de área quadrada

Outros tipos de gráficos

O que abordei até este ponto foram os tipos de gráficos que uso normalmente. Certamente essa não é uma lista exaustiva. Contudo, eles devem atender à maioria de suas necessidades diárias. Dominar o básico é imperativo antes de se explorar novos tipos de visualização de dados.

Existem muitos outros tipos de gráficos. Quando se trata de selecionar um gráfico, acima de tudo, escolha um tipo que permita comunicar claramente sua mensagem ao seu público. Com tipos menos conhecidos de visuais, você provavelmente precisará tomar mais cuidado em torná-los acessíveis e compreensíveis.

Infográficos

Infográfico é um termo muitas vezes mal usado. Infográfico é simplesmente uma representação gráfica de informações ou dados. Os *infográficos* podem variar de fofinhos a informativos. No lado inadequado do espectro, frequentemente eles contêm elementos extravagantes, números superdimensionados e imagens caricaturais. Esses designs têm certo apelo visual e podem seduzir o leitor. Contudo, na segunda olhada, eles parecem superficiais e deixam um público perspicaz insatisfeito. Aqui, a descrição de "gráfico informativo" — embora muito usada — não é apropriada. No outro lado do espectro estão os infográficos que correspondem aos seus nomes e realmente informam. Existem exemplos muito bons na área do jornalismo de dados (por exemplo, o *New York Times* e a *National Geographic*).

Existem perguntas importantes que os designers de informação precisam responder antes de iniciar o processo de design. São as mesmas perguntas que discutimos para entender o contexto do storytelling com dados. Quem é seu público? O que você precisa que ele saiba ou faça? Somente depois que as respostas a essas perguntas possam ser articuladas sucintamente é que poderá ser escolhido um método eficaz de apresentação que auxilie a mensagem. Uma boa visualização de dados — seja um infográfico ou outro tipo — não é simplesmente uma coleção de fatos sobre determinado assunto; a boa visualização de dados conta uma história.

A ser evitado

Discutimos os visuais que mais uso para comunicar dados em um ambiente comercial. Existem ainda alguns tipos e elementos de gráfico específicos que devem ser evitados: gráficos de pizza, gráficos de rosca, 3D e eixos *y* secundários. Vamos discuti-los.

Gráficos de pizza são ruins

Tenho desprezo bem documentado a gráficos de pizza. Resumindo, eles são ruins. Para entender como cheguei a essa conclusão, vamos ver um exemplo.

O gráfico de pizza da Figura 2.21 (baseado em um exemplo real) mostra a participação no mercado de quatro fornecedores: A, B, C e D. Se eu pedisse para você fazer uma observação simples — qual é o maior fornecedor, de acordo com este visual —, o que diria?

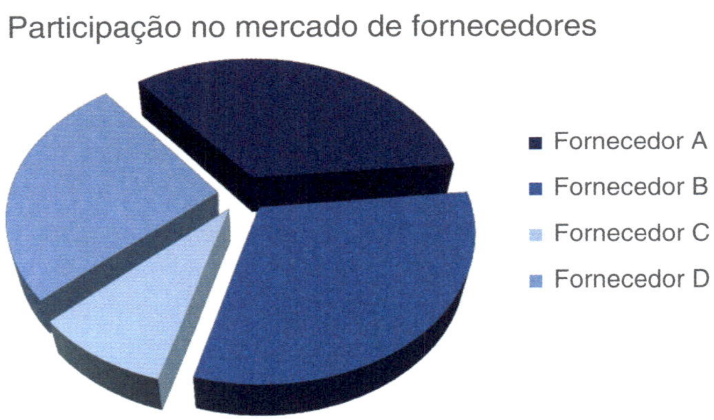

FIGURA 2.21 Gráfico de pizza

A maioria das pessoas concordará que o "Fornecedor B," representado em azul médio na parte inferior direita, parece ser o maior. Se você precisasse avaliar a proporção que o Fornecedor B ocupa no mercado global, que porcentagem poderia estimar?

35%?

40%?

A partir de meu questionamento anterior, talvez você possa dizer que está acontecendo algo suspeito aqui. Dê uma olhada no que acontece quando acrescentamos os números às fatias da pizza, como mostrado na Figura 2.22.

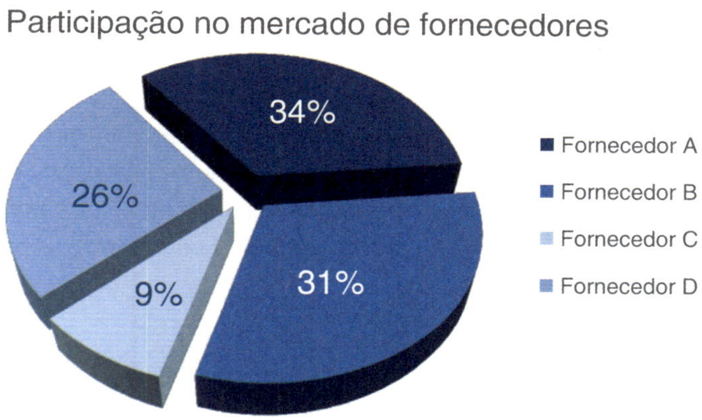

FIGURA 2.22 Gráfico de pizza com segmentos legendados

Na verdade, o "Fornecedor B" — que *parece* maior, com 31% — é menor que o "Fornecedor A" acima dele, que parece menor.

Vamos discutir dois problemas que apresentam um desafio para a interpretação correta desses dados. A primeira coisa que chama sua atenção (e causa suspeita, se você for um leitor de gráficos perspicaz) é a estranha perspectiva em 3D aplicada ao gráfico, inclinando a fatia e fazendo as partes superiores parecerem mais afastadas e, portanto, menores do que realmente são, enquanto as partes inferiores parecem mais perto e, assim, maiores do que são. Vamos falar mais sobre 3D em breve, mas por enquanto vou enunciar uma regra relevante sobre visualização de dados: *não use 3D!* Não serve para nada e pode prejudicar muito, como vemos aqui, pois distorce a percepção visual dos números.

Mesmo quando eliminamos o 3D e achatamos a pizza, os desafios à interpretação permanecem. O olho humano não consegue atribuir corretamente valores quantitativos no espaço bidimensional. Dito mais simplesmente: *é difícil ler os gráficos de pizza.* Quando os segmentos têm tamanhos parecidos, é difícil (se não impossível) dizer qual é o maior. Quando seus tamanhos não são parecidos, o melhor que você pode fazer é determinar que um é maior que outro, mas não pode avaliar o quanto. Para resolver isso, você pode adicionar legendas, como foi feito aqui. Mas eu ainda diria que o visual não vale o espaço que ocupa.

Em vez disso, o que você deve fazer? Um jeito é substituir o gráfico de pizza por um de barras horizontais, como ilustrado na Figura 2.23, organizado do maior para o menor ou vice-versa (a não ser que haja alguma ordem natural nas categorias que faça sentido aproveitar, como já mencionado). Lembre-se: com gráficos de barras, nossos olhos comparam os pontos extremos. Como as barras são alinhadas em uma linha de base comum, é fácil avaliar o tamanho relativo. Isso facilita ver não apenas qual segmento é o maior, por exemplo, mas também *o quanto, incrementalmente, é maior* que os outros segmentos.

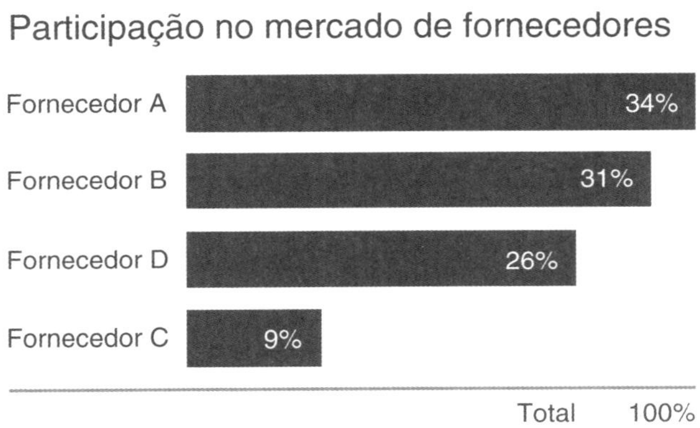

FIGURA 2.23 Uma alternativa ao gráfico de pizza

Alguém poderia dizer que você perde algo na transição da pizza para as barras. O único detalhe que você obtém com um gráfico de pizza é o conceito de haver um todo e, assim, partes de um todo. Mas, se o visual é difícil de ler, vale a pena? Na Figura 2.23, tentei tratar disso, mostrando que as partes somam 100%. Não é uma solução perfeita, mas algo a considerar. Para ver mais alternativas aos gráficos de pizza, consulte o estudo de caso 5 no Capítulo 9.

Se você for usar um gráfico de pizza, pare e pergunte-se: *por quê?* Se puder responder a essa pergunta, você provavelmente refletiu o suficiente para usá-lo, mas certamente esse não deve ser o primeiro tipo de gráfico a ser empregado, dadas algumas das dificuldades na interpretação visual discutidas aqui.

Enquanto estamos no assunto dos gráficos de pizza, vamos ver rapidamente outra "iguaria visual" a evitar: o gráfico de rosca.

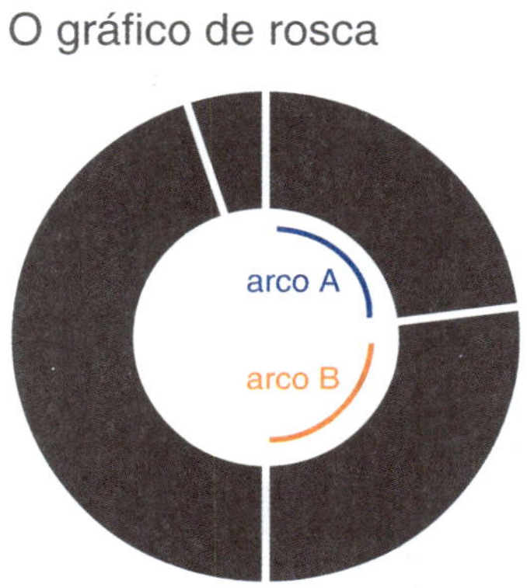

FIGURA 2.24 Gráfico de rosca

Com pizzas, estamos pedindo ao nosso público para comparar ângulos e áreas. Com um gráfico de rosca, estamos pedindo para comparar o comprimento de um arco com o comprimento de outro (por exemplo, na Figura 2.24, o comprimento do *arco A* comparado ao *arco B*). Quão confiante você se sente na capacidade de seus olhos de atribuir valores quantitativos a um comprimento de arco?

Não muito? Foi o que pensei. Não use gráficos de rosca.

Nunca use 3D

Uma das regras de ouro da visualização de dados é esta: nunca use 3D. Repita comigo: nunca use 3D. A única exceção é se você estiver *representando uma terceira dimensão* (e, mesmo assim, as coisas ficam complicadas rapidamente; portanto, cuidado ao fazer isso) — e você nunca deve usar 3D para representar uma única dimensão. Como vimos no exemplo de gráfico de pizza anterior, 3D distorce nossos números, tornando difícil ou impossível interpretá-los ou compará-los.

Adicionar 3D aos gráficos introduz elementos desnecessários a ele, como painéis laterais e chão. Ainda pior do que essas distrações, os aplicativos de geração de gráficos fazem algumas coisas muito estranhas ao representar valores em 3D. Por exemplo, em um gráfico de barras em 3D, você poderia pensar que seu aplicativo de geração de gráficos representaria a frente da barra ou talvez a parte traseira. Infelizmente, muitas vezes as coisas são mais complicadas. No Excel, por exemplo, a altura da barra é determinada por um plano tangente invisível, cruzando a altura correspondente no eixo *y*. Isso gera gráficos como o que aparece na Figura 2.25.

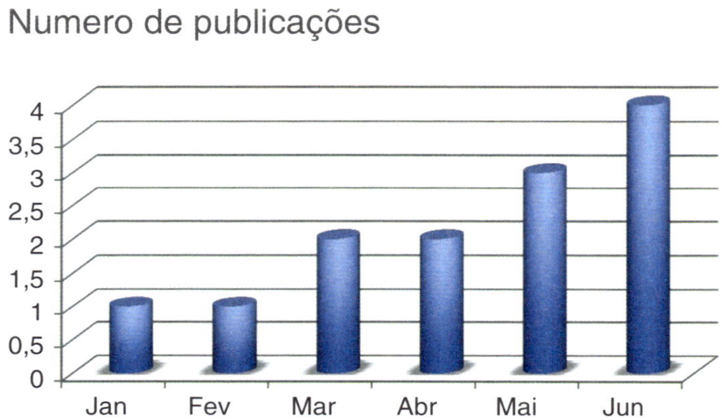

FIGURA 2.25 Gráfico de colunas em 3D

A julgar pela Figura 2.25, quantas publicações havia em janeiro e fevereiro? Eu representei uma publicação para cada um desses meses. No entanto, do modo como leio o gráfico, se comparasse a altura da barra com as linhas de grade e seguisse para a esquerda do eixo *y*, estimaria visualmente um valor de 0,8, talvez. Essa visualização de dados é simplesmente ruim. Não use 3D.

Eixo *y* secundário: geralmente não é uma boa ideia

Às vezes é útil representar dados que estão em unidades totalmente diferentes no mesmo eixo *x*. Frequentemente, isso gera o eixo *y* secundário: outro eixo vertical no lado direito do gráfico.

Veja o exemplo mostrado na Figura 2.26.

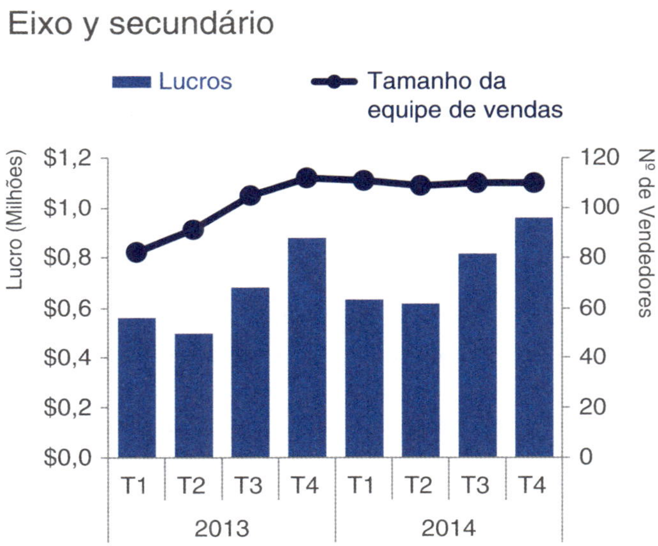

FIGURA 2.26 Eixo *y* secundário

Interpretar a Figura 2.26, requer tempo e leitura para entendermos quais dados devem ser lidos em relação a qual eixo. Por isso, você deve evitar o uso de um eixo *y* secundário ou à direita. Em vez disso, considere se umas das seguintes estratégias atenderá suas necessidades:

1. Não mostrar o segundo eixo *y*. Em vez disso, legende diretamente os pontos de dados pertencentes a esse eixo.
2. Separe os gráficos verticalmente e tenha um eixo *y* separado para cada um (ambos ao longo da esquerda), mas aproveite o mesmo eixo *x* para ambos.

A Figura 2.27 ilustra estas opções.

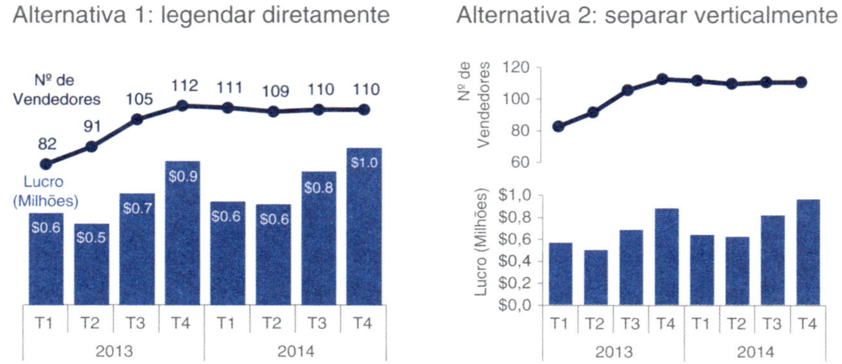

FIGURA 2.27 Estratégias para evitar um eixo *y* secundário

Uma terceira possível opção, não mostrada aqui, é vincular o eixo aos dados a serem lidos usando cores. Por exemplo, no gráfico original apresentado na Figura 2.26, eu poderia escrever o título do eixo *y* à esquerda, "Lucros", em azul e manter as barras de lucro azuis, e escrever o título do eixo *y* à direita, "N° de Vendedores", em laranja e tornar o gráfico de linhas laranja para interligá-los visualmente. Não recomendo essa estratégia, porque as cores normalmente podem ser usadas de forma mais estratégica. Vamos passar muito mais tempo discutindo cores no Capítulo 4.

Também vale notar que, quando você representa dois conjuntos de dados no mesmo eixo, isso pode indicar uma relação que talvez exista ou não. Atenção a isso ao determinar se essa é uma estratégia adequada.

Quando você estiver enfrentando o desafio do eixo *y* secundário e considerando qual alternativa mostrada na Figura 2.27 atenderá melhor suas necessidades, pense no grau de especificidade de que precisa. A alternativa 1, na qual cada ponto de dados é legendado explicitamente, dá mais atenção aos números específicos. A alternativa 2, na qual os eixos são mostrados à esquerda, focaliza mais as tendências dominantes. Em geral, evite o eixo *y* secundário e, em vez disso, empregue uma dessas estratégias alternativas.

Encerramento

Neste capítulo, exploramos os tipos de representações visuais que mais utilizo. Haverá casos de uso para outros tipos de apresentações, mas os que abordamos aqui devem satisfazer a maioria das necessidades diárias.

Em muitos casos, não há uma única representação visual correta; em vez disso, frequentemente existem diferentes tipos de apresentações que poderiam atender a determinada necessidade. Com base no capítulo anterior sobre contexto, o mais importante é ter essa necessidade claramente enunciada: *O que você precisa que seu público saiba?* Então, escolha uma representação visual que deixe isso claro.

Caso esteja se perguntando *qual é o gráfico correto para minha situação?*, a resposta é sempre a mesma: qualquer um que seja mais fácil para seu público ler. Há um modo fácil de testar isso, que é criar seu visual e mostrá-lo para um amigo ou colega. Peça para ele enunciar o seguinte, ao processar a informação: o que enfoca, o que vê, quais observações faz, quais perguntas tem. Isso o ajudará a avaliar se seu visual está atingindo o objetivo ou, se não estiver, ajudará a saber onde concentrar suas alterações.

Agora você sabe a segunda lição do storytelling com dados: como **escolher uma representação visual adequada**.

capítulo três

a saturação é sua inimiga!

Imagine uma página ou tela em branco: cada elemento adicionado a essa página ou tela absorve carga cognitiva por parte de seu público — em outras palavras, exige poder do cérebro para processar. Portanto, queremos examinar com discernimento os elementos visuais que permitimos em nossas comunicações. De modo geral, identificar qualquer coisa que não esteja acrescentando valor informativo — ou adicionando valor informativo *suficiente* para compensar sua presença — e removê-la. Identificar e eliminar a saturação é o enfoque deste capítulo.

Carga cognitiva

Você já sentiu o peso da carga cognitiva. Talvez estivesse assistindo a uma conferência, quando o palestrante passando os slides faz uma pausa em um muito cheio e complicado. Uau, você disse "argh" em voz alta ou foi apenas em sua mente? Ou talvez você estivesse lendo um relatório ou jornal e um gráfico chamou sua atenção por tempo suficiente para pensar: "parece interessante, mas não tenho ideia do que fazer com isso" — e, em vez de perder tempo em decifrá-lo, virou a página.

Nesses dois casos, o que você experimentou foi uma carga cognitiva excessiva ou extrínseca.

Experimentamos carga cognitiva *sempre* que recebemos informações. A carga cognitiva pode ser considerada o esforço mental exigido para aprender novas informações. Quando fazemos um computador trabalhar, estamos contando com seu poder de processamento. Quando pedimos ao nosso público para trabalhar, estamos usando seu poder de processamento mental. Isso é carga cognitiva. O cérebro humano tem uma quantidade finita desse poder de processamento mental. Como designers da informação, queremos ser inteligentes no uso da capacidade cerebral de nosso público. Os exemplos anteriores apontam para uma carga cognitiva extrínseca: processamento que ocupa recursos mentais, mas não ajuda o público a entender a informação. Isso é algo que queremos evitar.

Data-ink ou relação sinal-ruído

Com o passar do tempo, vários conceitos foram apresentados na tentativa de explicar e ajudar a dar orientações para reduzir a carga cognitiva que impomos ao público com nossas comunicações visuais. Em seu livro *The Visual Display of Quantitative Information* (sem tradução no Brasil), Edward Tufte se refere à maximização da relação data-ink (dados-tinta), dizendo que "quanto maior a porção de tinta dedicada aos dados em um gráfico, melhor (sendo as outras questões relevantes equivalentes)". Isso também pode ser referido como maximizar a relação sinal-ruído (consulte o livro *de Nancy Duarte, Ressonância: Apresente Histórias Visuais que Encantem o Público, ed. Alta Books*), de Nancy Duarte, na qual o sinal é a informação que queremos comunicar e o ruído são os elementos que adicionamos ou, em alguns casos, reduzimos da mensagem que estamos tentando transmitir para o público.

No que diz respeito às nossas comunicações visuais, o que mais importa é a carga cognitiva *percebida* por parte de nosso público: o quanto ele acredita que precisará se esforçar para entender a informação de sua comunicação. Essa é a decisão a que provavelmente chegam sem grande cogitação consciente (se houver) e pode fazer a diferença entre transmitir sua mensagem claramente ou não.

De modo geral, você deve minimizar a carga cognitiva percebida (ao que seja razoável e ainda permita transmitir a informação) por seu público.

Saturação

Um dos culpados que podem contribuir para a carga cognitiva excessiva ou extrínseca é algo que chamo simplesmente de **saturação**. São aqueles elementos visuais que ocupam espaço, mas não aumentam o entendimento. Vamos examinar mais especificamente quais elementos podem ser considerados saturação em breve, mas agora quero falar de modo geral sobre por que ela é ruim.

Há uma razão simples pela qual devemos reduzir a saturação: ela faz com que nossos visuais pareçam mais complicados que o necessário.

Talvez sem reconhecê-la explicitamente, a presença de saturação em nossas comunicações visuais podem causar uma experiência ruim para o usuário — ou, pior — incômoda para nosso público (é aquele momento "argh" que citei no início deste capítulo). A saturação pode fazer algo parecer mais complicado do que realmente é. Quando nossos visuais parecem complicados, corremos o risco de nosso público decidir que não quer entender o que estamos mostrando, a ponto de perdermos nossa capacidade de nos comunicarmos com ele. Isso não é bom.

Princípios da Gestalt de percepção visual

Quando for identificar quais elementos dos visuais são sinal (a informação que queremos comunicar) e quais podem ser ruído (saturação), considere os **Princípios da Gestalt de Percepção Visual**. A Escola de Psicologia Gestalt começou no início dos anos 1900 para entender como as pessoas percebem a ordem no mundo ao redor. Ela elaborou os princípios da percepção visual, ainda hoje aceitos, que definem como as pessoas interagem e produzem ordem a partir de estímulos visuais.

Vamos discutir seis princípios aqui: proximidade, similaridade, acercamento, fechamento, continuidade e conexão. Para cada um, vou mostrar um exemplo do princípio aplicado a uma tabela ou gráfico.

Proximidade

Tendemos a pensar que objetos fisicamente próximos fazem parte de um grupo. O princípio da proximidade está demonstrado na Figura 3.1: você vê naturalmente os pontos como três grupos distintos, graças à sua proximidade relativa.

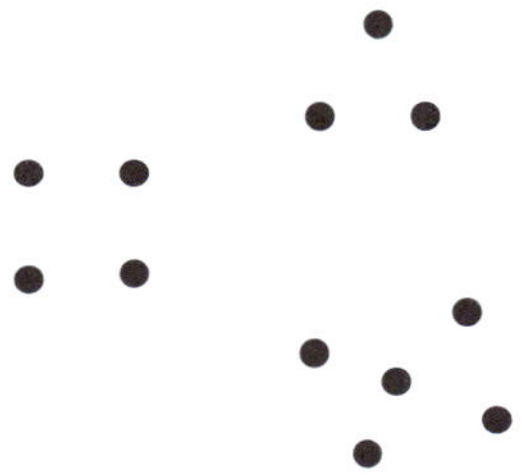

FIGURA 3.1 Princípio da proximidade da Gestalt

Podemos aproveitar isso na maneira como as pessoas veem design de tabelas. Na Figura 3.2, apenas por diferenciar o espaçamento entre os pontos, seus olhos são atraídos pelas colunas no primeiro caso ou pelas linhas, no segundo.

FIGURA 3.2 Você vê colunas e linhas simplesmente por causa do espaçamento entre os pontos

Similaridade

Objetos que têm cor, forma, tamanho ou orientação semelhantes são percebidos como relacionados ou pertencentes a parte de um grupo. Na Figura 3.3, você associa naturalmente os círculos azuis à esquerda ou os quadrados cinza, à direita.

FIGURA 3.3 Princípio da similaridade da Gestalt

Isso pode ser aproveitado em tabelas, para ajudar a chamar a atenção do público para onde queremos focar. Na Figura 3.4, a similaridade da cor é uma pista para nossos olhos lerem as linhas (em vez de colunas). Isso elimina a necessidade de elementos adicionais, como bordas, para ajudar a chamar nossa atenção.

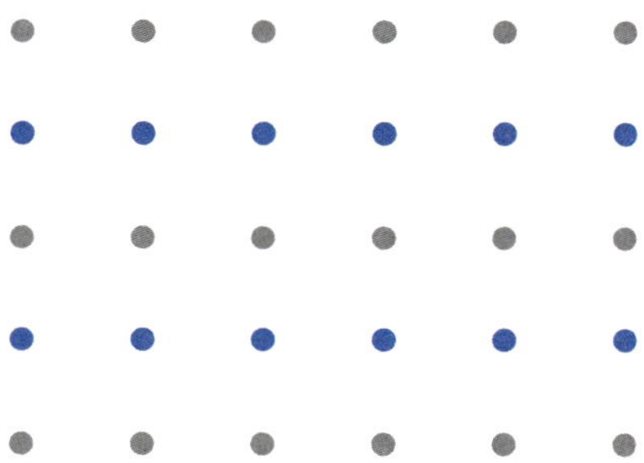

FIGURA 3.4 Você vê linhas devido à similaridade da cor

Acercamento

Achamos que objetos fisicamente delimitados fazem parte de um grupo. Não é preciso um acercamento muito forte para isso: um sombreado de fundo claro frequentemente é suficiente, como demonstrado na Figura 3.5.

FIGURA 3.5 Princípio do acercamento da Gestalt

Um modo de aproveitar o princípio do acercamento é traçar uma distinção visual dentro de nossos dados, como no gráfico da Figura 3.6.

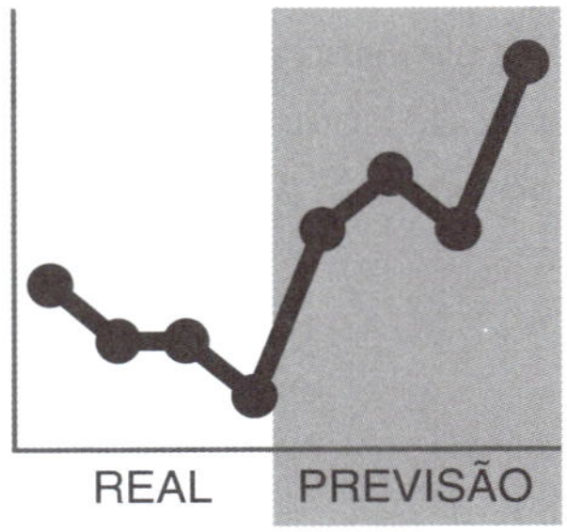

FIGURA 3.6 A área sombreada separa a previsão dos dados reais

Fechamento

O conceito do fechamento diz que as pessoas gostam que as coisas sejam simples e se encaixem nas construções que já estão em nossas mentes. Por isso, tendemos a perceber um conjunto de elementos individuais como uma única forma reconhecível, quando podemos — quando partes de um todo estão faltando, nossos olhos preenchem as lacunas. Por exemplo, os elementos da Figura 3.7 tenderão a ser percebidos primeiramente como um círculo e somente depois como elementos individuais.

FIGURA 3.7 Princípio do fechamento da Gestalt

É comum os aplicativos de geração de gráficos (por exemplo, o Excel) terem configurações padrão que incluem elementos como bordas e sombreado de fundo. O princípio do fechamento nos diz que eles são desnecessários — podemos removê-los e nosso gráfico ainda aparecerá como uma entidade coesa. Bônus: quando retiramos esses elementos desnecessários, nossos dados se destacam mais, como mostrado na Figura 3.8.

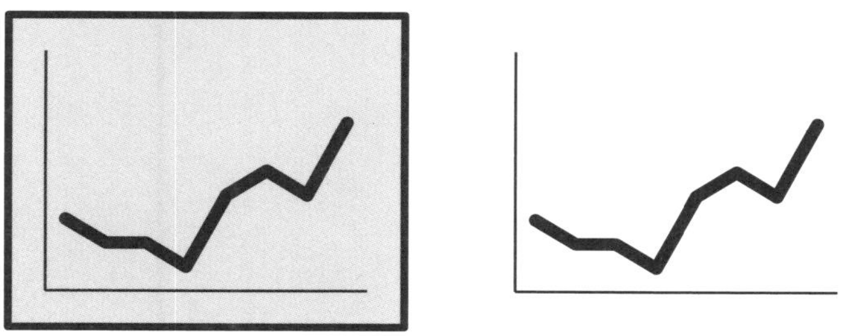

FIGURA 3.8 O gráfico ainda parece completo sem a borda e o sombreado de fundo

Continuidade

O princípio da continuidade é semelhante ao do fechamento: ao olharmos os objetos, nossos olhos buscam o caminho mais suave e criam continuidade no que vemos naturalmente, mesmo onde ela pode não existir explicitamente. Por exemplo, na Figura 3.9, se eu pegar os objetos (1) e separá-los, a maioria das pessoas esperará ver o que está mostrado em seguida (2), embora pudesse facilmente ser o que aparece depois (3).

FIGURA 3.9 Princípios da continuidade da Gestalt

Na aplicação desse princípio, removi a linha vertical do eixo *y* no gráfico da Figura 3.10. Seus olhos ainda veem que as barras estão alinhadas no mesmo ponto, graças ao espaço em branco uniforme (um direcionamento sutil) entre as legendas à esquerda e os dados à direita. Como vimos no princípio do fechamento, a retirada de elementos desnecessários permite que nossos dados se destaquem mais.

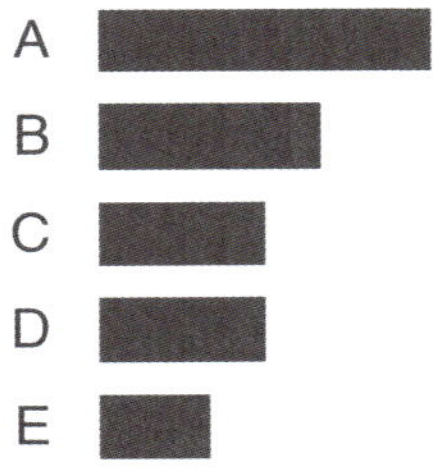

FIGURA 3.10 Gráfico com a linha do eixo *y* removida

Conexão

O último princípio da Gestalt que vamos focar é a conexão. Tendemos a considerar objetos fisicamente conectados como parte de um grupo. A propriedade conectiva normalmente tem um valor associativo mais forte do que cor, tamanho ou forma similar. Ao examinar a Figura 3.11, note que seus olhos provavelmente fazem pares das formas conectadas por linhas (em vez da cor, tamanho ou forma similar): é o princípio da conexão em ação. Normalmente, a propriedade conectiva *não é* mais forte que o acercamento, mas você pode afetar essa relação por meio de espessura e tonalidade de linhas para criar a hierarquia visual desejada (vamos falar mais sobre hierarquia visual quando discutirmos os atributos pré-atentivos, no Capítulo 4).

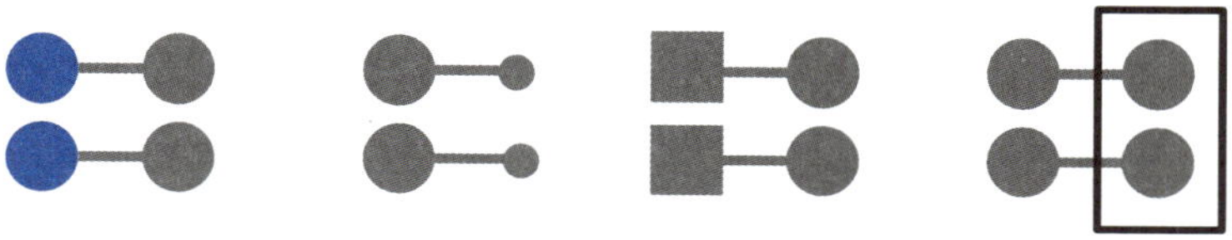

FIGURA 3.11 Princípio da conexão da Gestalt

Um modo frequente de usarmos o princípio da conexão é nos gráficos de linhas, para ajudar nossos olhos a ver ordem nos dados, como na Figura 3.12.

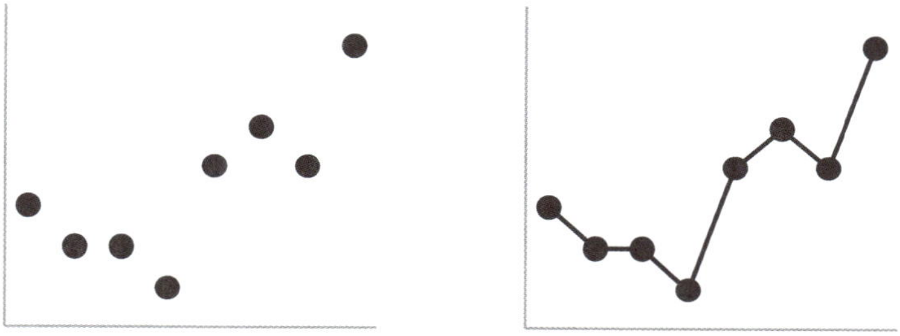

FIGURA 3.12 Linhas conectam os pontos

Como você aprendeu nesta breve visão geral, os princípios da Gestalt nos ajudam a entender como as pessoas veem, o que podemos usar para identificar elementos desnecessários e facilitar o processamento de nossas comunicações visuais. Ainda não terminamos. No final deste capítulo, vamos discutir como podemos aplicar alguns desses princípios em um exemplo real.

Mas primeiro vamos mudar nosso foco para dois outros tipos de saturação visual.

Falta de ordem visual

Quando o design é cuidadoso, ele assume um papel secundário de modo que seu público nem mesmo o percebe. Contudo, quando não é, o público sente o peso. Vamos ver um exemplo para entender o impacto que a ordem visual — e a falta dela — pode ter em nossas comunicações visuais.

Veja a Figura 3.13, que resume o retorno sobre fatores considerados por organizações sem fins lucrativos na seleção de vendedores. Note especificamente as observações que você possa ter a respeito da disposição dos elementos na página.

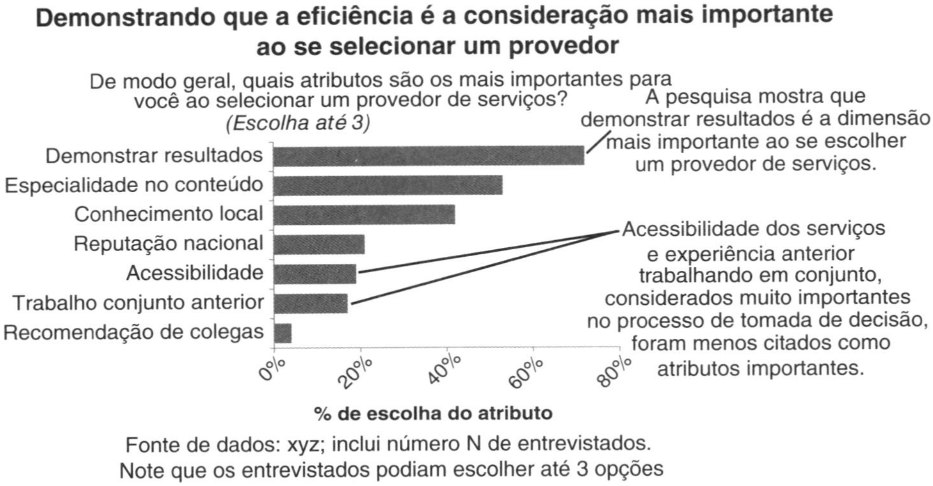

FIGURA 3.13 Resumo do retorno da pesquisa

Ao examinar as informações, você poderia pensar: "parece muito bom". Está bem: não é horrível. Pelo lado positivo, as informações estão claramente esboçadas, o gráfico está bem ordenado e legendado, e as principais observações estão enunciadas e visualmente vinculadas a onde devemos olhar no gráfico. Mas quanto ao design global da página e ao posicionamento dos elementos, eu discordaria de qualquer elogio. Para mim, o visual agregado parece desorganizado e incômodo de ler, como se os vários componentes fossem colocados aqui e ali, sem considerar a estrutura da página global.

Podemos melhorar esse visual significativamente, fazendo algumas alterações relativamente pequenas. Dê uma olhada na Figura 3.14. O conteúdo é exatamente o mesmo; apenas o posicionamento e a formatação dos elementos foram modificados.

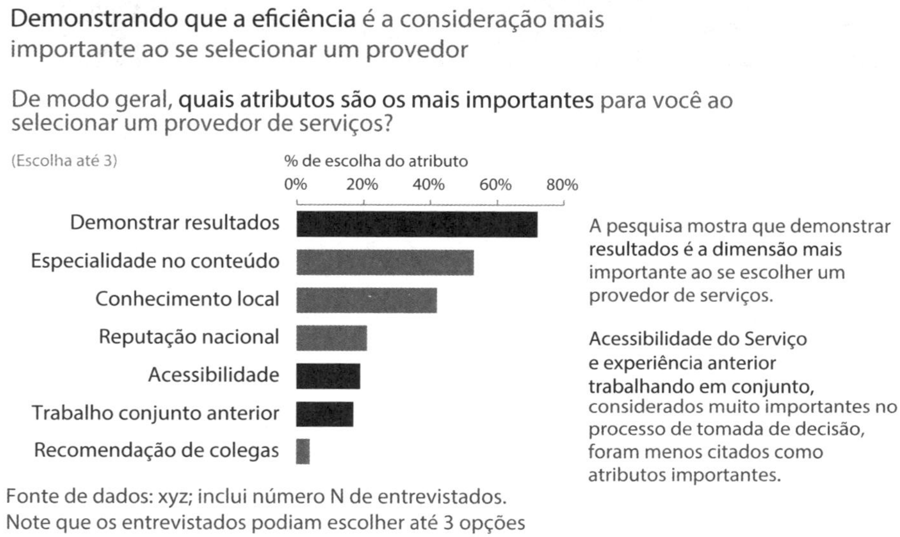

FIGURA 3.14 Resumo do retorno da pesquisa remodelado

Comparada com o visual original, a segunda iteração parece bem mais fácil. Existe ordem. É evidente que pensamento consciente foi empregado no design e na disposição global dos componentes. Especificamente, esta última versão foi projetada com maior atenção ao alinhamento e aos espaços em branco. Vamos ver cada um em detalhes.

Alinhamento

A alteração de maior impacto no exemplo de "antes e depois" anterior foi a mudança de texto centralizado para justificado à esquerda. Na versão original, cada bloco de texto está centralizado na página. Isso não cria linhas limpas, nem à esquerda, nem à direita, o que pode fazer um layout pensado parecer desmazelado. Eu procuro não usar texto centralizado por essa razão. A decisão de alinhar seu texto à esquerda ou à direita deve ser tomada no contexto dos outros elementos da página. De modo geral, o objetivo é criar linhas limpas (tanto horizontal como verticalmente) de elementos e espaços em branco.

Dicas para alinhamento de elementos em software de apresentação

Para ajudar a garantir que seus elementos fiquem alinhados ao colocá-los em uma página dentro de seu software de apresentação, ative as réguas ou linhas de grade que a maioria dos programas possui. Isso permitirá alinhar precisamente os elementos para criar uma aparência mais limpa. A funcionalidade de tabelas incorporada à maioria dos aplicativos de apresentação também pode ser usada como método de força bruta improvisado: crie uma tabela a fim de ter linhas de grade para o posicionamento dos elementos. Quando tudo estiver alinhado como você deseja, remova a tabela ou torne as bordas invisíveis para que reste apenas a página perfeitamente organizada.

Sem outras dicas visuais, seu público normalmente começará na parte superior esquerda da página ou tela e moverá os olhos por ela em forma de "z" (ou várias formas de "z", dependendo do layout) ao captar informações. Por isso, quando se trata de tabelas e gráficos, gosto de justificar o texto mais à esquerda e acima (título, títulos de eixo, legendas). Isso significa que o público vai ver os detalhes que informam como ler a tabela ou gráfico antes de chegar aos dados em si.

Como parte de nossa discussão sobre alinhamento, vamos examinar os **componentes diagonais**. No exemplo anterior, a versão original (Figura 3.13) tinha linhas diagonais conectando as informações aos dados e legendas no eixo *x* orientados na diagonal; na remodelação, as primeiras foram removidas e os últimos alterados para orientação horizontal (Figura 3.14). Geralmente, elementos diagonais, como linhas e texto, devem ser evitados. Eles parecem desordenados e, no caso do texto, são mais difíceis de ler que seus equivalentes horizontais. No que diz respeito à orientação de texto, um estudo (Wigdor e Balakrishnan, 2005) descobriu que a leitura de texto inclinado a 45° em qualquer direção era, em média, 52% mais lenta que a leitura de texto com orientação normal (para texto inclinado a 90° em qualquer direção era 205% mais lenta, em média). É melhor evitar elementos diagonais na página.

Espaço em branco

Nunca entendi bem esse fenômeno, mas, por algum motivo, as pessoas tendem a ter medo de espaço em branco em uma página. Uso o termo "espaço em branco" para me referir ao espaço vazio na página. Se suas páginas são azuis, por exemplo, seria o "espaço azul" — não sei bem porque seriam azuis, mas o uso de cores é uma conversa que teremos mais adiante. Talvez você já tenha ouvido esta opinião: "ainda há espaço nessa página; vamos acrescentar algo ali", ou, pior ainda, "ainda há espaço nessa página; vamos adicionar mais dados". Não! Nunca adicione dados apenas para adicionar dados — só adicione dados com uma finalidade pensada e específica!

Precisamos ficar mais à vontade com espaço em branco.

Espaço em branco na comunicação visual é tão importante quanto as *pausas* em um discurso. Talvez você tenha presenciado uma apresentação que não tinha pausas. É como o seguinte: *há um orador diante de você e possivelmente por estar nervoso ou talvez porque esteja tentando passar mais material do que deve no tempo designado está falando super rápido e você está pensando em como ele consegue respirar e você gostaria de fazer uma pergunta mas o orador já mudou para o tópico seguinte e ainda não fez uma pausa longa o suficiente para você fazer a pergunta.* Essa é uma experiência desconfortável para o público, semelhante ao desconforto que você pode ter sentido ao ler essa sentença contínua e sem pontuação.

Agora, imagine o efeito se esse mesmo apresentador fizesse uma única declaração audaciosa: "Morte aos gráficos de pizza!"

E, então, fizesse uma pausa de 15 segundos para deixar a declaração ressoar.

Vá em frente — diga isso em voz alta e conte até 15, lentamente.

Essa é uma pausa dramática.

E chamou sua atenção, não é?

Esse é o mesmo efeito poderoso que o espaço em branco usado estrategicamente pode ter em nossas comunicações visuais. A falta dele — como a ausência de pausas em uma apresentação falada — é simplesmente desconfortável para nosso público. Desconforto do público em resposta ao design de nossas comunicações visuais é algo que devemos evitar. Espaço em branco pode ser usado estrategicamente para chamar a atenção para as partes da página que *não* são espaço em branco.

Quando se trata de preservar espaço em branco, aqui estão algumas diretrizes mínimas. As margens devem permanecer livres de texto e recursos visuais. Resista ao impulso de alongar os elementos para ocupar o espaço disponível; em vez disso, dimensione os recursos visuais adequadamente, de acordo com o conteúdo. Além dessas diretrizes, pense em como você pode usar espaço em branco estrategicamente para dar ênfase, conforme ilustrado na pausa radical anterior. Se houver algo realmente importante, pense na possibilidade de colocá-lo na página. Em alguns casos, poderia ser uma única frase ou mesmo um número. Vamos falar mais sobre o uso estratégico de espaço em branco e ver um exemplo quando discutirmos estética, no Capítulo 5.

Uso não estratégico de contraste

Um claro contraste pode ser um sinal para nosso público, ajudando-o a saber onde concentrar sua atenção. Vamos explorar essa ideia com mais detalhes em capítulos posteriores. A *falta de claro contraste*, por outro lado, pode ser uma forma de saturação. Ao discutir o valor fundamental do contraste, frequentemente empresto uma analogia de Colin Ware (*Information Visualization: Perception for Design*, sem tradução no Brasil, 2004), que disse que é fácil reconhecer um falcão em um céu cheio de pombos, mas à medida que a variedade de pássaros aumenta, fica cada vez mais difícil distinguir o falcão. Isso destaca a importância do uso estratégico de contraste no design visual: quanto mais tornamos as coisas diferentes, menor o grau com que cada uma delas se destaca. Para explicar isso de outra forma, se há algo realmente importante para nosso público saber ou ver (o falcão), devemos tornar *esse algo* muito diferente do resto.

Vamos ver um exemplo para ilustrar melhor esse conceito.

Imagine que você trabalha no varejo e quer saber como seus clientes se sentem a respeito de várias dimensões das experiências de compra em sua loja, comparadas com seus concorrentes. Você fez uma pesquisa para coletar essa informação e agora está tentando entender o que ela diz. Você criou um índice de desempenho ponderado para resumir cada categoria de interesse (quanto maior o índice, melhor o desempenho e vice-versa). A Figura 3.15 mostra o índice de desempenho ponderado nas categorias de sua empresa e de cinco concorrentes.

Estude-o por uns instantes e tome nota de sua linha de raciocínio enquanto obtém as informações.

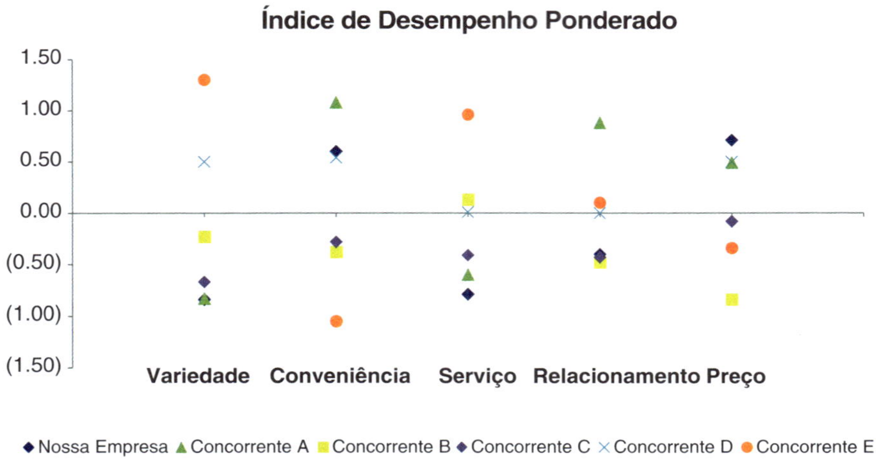

FIGURA 3.15 Gráfico original

Se você tivesse que descrever a Figura 3.15 em uma única palavra, qual seria ela? Talvez venham à mente palavras como *cheio, confuso* e *cansativo, mesmo se considerarmos a utilização de diversas cores na identificação dos concorrentes.* Há muitas informações nesse gráfico. São tantas coisas concorrendo pela nossa atenção que é difícil saber para onde olhar.

Vamos examinar exatamente o que estamos olhando. Como mencionei, os dados representados no gráfico são um índice de desempenho ponderado. Você não precisa se preocupar com os detalhes de como isso é calculado, mas sim entender que se trata de uma métrica de resumo de desempenho que gostaríamos de comparar entre várias categorias (mostradas no eixo *x* horizontal: *Variedade*, Conveniência, Serviço, Relacionamento e Preço) de "Nossa Empresa" (representada pelo losango azul), comparada com vários concorrentes (as outras formas coloridas). Um índice mais alto representa desempenho melhor e um índice mais baixo significa desempenho inferior.

Entender essas informações é um processo lento, com muito ir e vir entre a legenda na parte inferior e os dados do gráfico, para decifrar o que está sendo transmitido. Mesmo sendo muito pacientes e querendo entender as informações desse visual, isso é quase impossível, pois "Nossa Empresa" (o losango azul) às vezes é ocultada pelos outros pontos de dados, de modo que não podemos nem mesmo ver qual é a comparação mais importante!

Isso acontece quando a falta de contraste (e outros problemas de design) dificulta muito além do necessário a interpretação das informações.

Veja a Figura 3.16, onde usamos contraste mais estrategicamente.

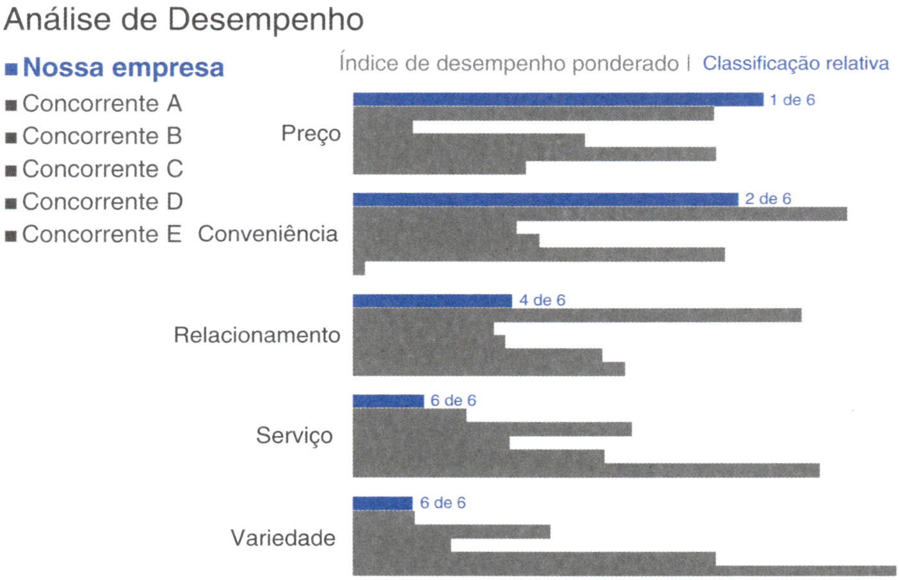

FIGURA 3.16 Gráfico remodelado, usando contraste estrategicamente

No gráfico revisado, fiz várias mudanças. Primeiro, escolhi um gráfico de barras horizontais para representar as informações. Ao fazer isso, mudei todos os números para uma escala positiva — no gráfico de dispersão original havia alguns valores negativos que aumentavam o desafio à visualização. Essa alteração funciona aqui porque estamos interessados mais nas diferenças relativas do que nos valores absolutos. Nessa remodelação, as categorias que antes estavam no eixo *x* horizontal agora estão no eixo *y* vertical. Dentro de cada categoria, o comprimento da barra mostra a métrica de resumo de "Nossa empresa" (**em azul**) e dos vários concorrentes (em cinza), com as barras mais longas representando o desempenho melhor. A decisão de não mostrar a escala do eixo *x* neste caso foi deliberada, o que obriga o público a enfocar as diferenças relativas, em vez de entender as minúcias dos números específicos.

Com esse design é fácil ver rapidamente duas coisas:

1. Podemos deixar nossos olhos percorrerem as barras azuis para ter uma ideia relativa de como "Nossa empresa" está indo nas várias categorias: estamos bem em Preço e em Conveniência e mal em Relacionamento, possivelmente porque estamos com dificuldades em Serviço e Variedade, como evidenciado pelas baixas classificações nessas áreas.
2. Dentro de determinada categoria, podemos comparar a barra azul com as barras cinzas para ver como nossa empresa está se comportando em relação aos concorrentes: ganhando dos concorrentes em Preço, perdendo em Serviço e Variedade.

Os concorrentes são distinguidos com base na ordem em que aparecem (o Concorrente A sempre aparece imediatamente após a barra azul, o Concorrente B depois dele e assim por diante), o que está descrito na legenda à esquerda. Se fosse importante identificar rapidamente cada concorrente, esse design não permitiria fazer isso imediatamente. Mas se essa é uma comparação de segunda ou terceira ordem em termos de prioridade e isso não é o mais importante, esta estratégia pode funcionar bem. Na remodelação, também organizei as categorias em ordem decrescente do índice de desempenho ponderado de "Nossa empresa", o que proporciona uma construção para nosso público usar ao receber as informações, e adicionei uma métrica de resumo (classificação relativa) para que seja fácil saber rapidamente como "Nossa empresa" se comporta em relação à concorrência em cada categoria.

Note como o uso eficiente de contraste (e outras escolhas de design pensadas) agiliza, facilita e deixa o processo de obtenção das informações que estamos buscando mais confortável do que no gráfico original.

Quando detalhes redundantes não devem ser considerados saturação

Vi casos nos quais o título do visual indicava que os valores eram dólares, mas os sinais de dólar não foram incluídos junto aos números na tabela ou gráfico. Por exemplo, acho confuso um gráfico intitulado "Vendas Mensais ($USD Milhões)" com 10, 20, 30, 40, 50 como legendas de eixo *y*. Incluir o sinal "$" com cada número facilita a interpretação dos valores. Seu público não precisa lembrar que está olhando para dólares, porque eles estão legendados explicitamente. Existem alguns elementos que sempre devem ser mantidos com números, incluindo sinais de moeda, de porcentagem e pontos em números grandes.

Dessaturando: passo a passo

Agora que discutimos o que é saturação, por que é importante eliminá-la de nossas comunicações visuais e como reconhecê-la, vamos ver um exemplo real e examinar como o processo de identificação e remoção de saturação melhora nosso visual e a clareza da história que estamos tentando contar.

Cenário: Imagine que você gerencia uma equipe de tecnologia da informação (TI). Sua equipe recebe tíquetes, ou questões técnicas, dos funcionários. No ano passado, duas pessoas saíram da equipe e, na época, você decidiu não substituí-las. Você tem ouvido rumorosas reclamações dos demais funcionários sobre terem de "preencher a lacuna". Recentemente, você foi questionado sobre suas necessidades de contratação para o próximo ano e está se perguntando se deve contratar mais duas pessoas. Primeiro, você quer entender o impacto que a saída das pessoas no ano passado teve na produtividade global de sua equipe. Você coloca em um gráfico a tendência mensal dos tíquetes recebidos e aqueles processados no ano civil passado. Você vê que há certa evidência de que a produtividade de sua equipe está sendo prejudicada pela falta de pessoal e agora quer tornar o visual que criou a base para seu pedido de contratação.

A Figura 3.17 mostra seu gráfico original.

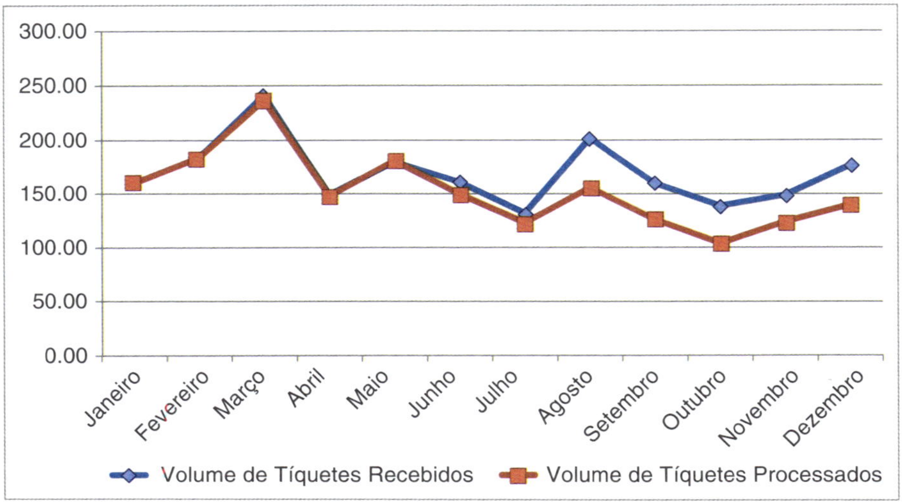

FIGURA 3.17 Gráfico original

Examine novamente esse visual, prestando atenção na saturação. Considere as lições que abordamos sobre os princípios da Gestalt, alinhamento, espaço em branco e contraste. Do que podemos nos desfazer ou alterar? Quantos problemas você consegue identificar?

Eu identifiquei seis alterações essenciais para reduzir a saturação. Vamos discuti-las.

1. Remova a borda do gráfico

Bordas de gráfico normalmente são desnecessárias, conforme abordamos em nossa discussão sobre o princípio do fechamento da Gestalt. Em vez disso, use espaço em branco para diferenciar o visual de outros elementos na página, conforme for necessário.

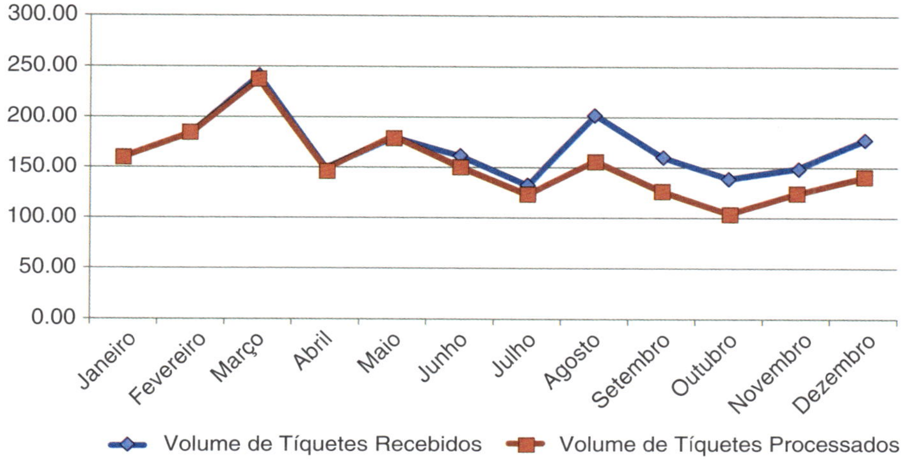

FIGURA 3.18 Remova as bordas do gráfico

2. Remova as linhas de grade

Se você acha que será útil para seu público correr o dedo dos dados até o eixo, ou acha que seus dados serão processados mais eficientemente, pode deixar as linhas de grade. Mas torne-as finas e use uma cor clara, como cinza. Não permita que elas concorram visualmente com os dados, use cores distintas para cada linha do gráfico. Quando puder, desfaça-se delas completamente: isso permite um maior contraste e seus dados se destacarão mais.

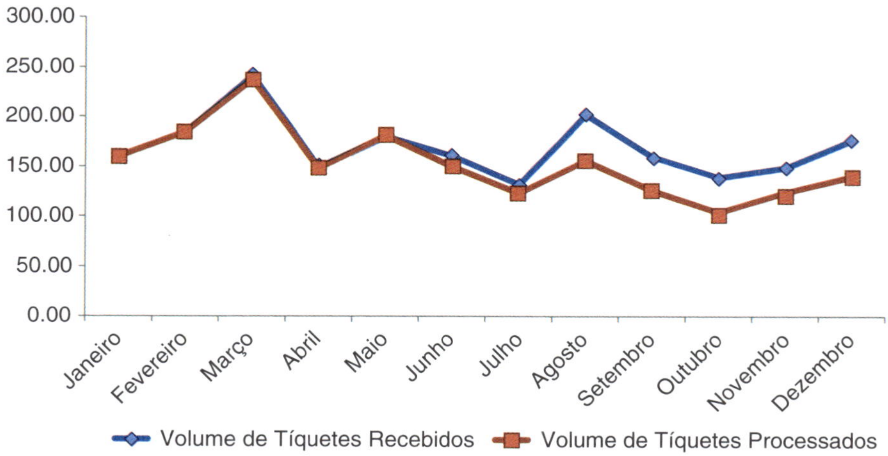

FIGURA 3.19 Remova as linhas de grade

3. Remova marcadores de dados

Lembre-se: cada elemento acrescenta carga cognitiva por parte de seu público. Aqui, estamos adicionando carga cognitiva para processar dados que já estão representados visualmente pelas linhas. Isso não quer dizer que você nunca deve usar marcadores de dados, mas use-os intencionalmente e com uma finalidade, não porque sua inclusão é o padrão de seu aplicativo de geração de gráficos.

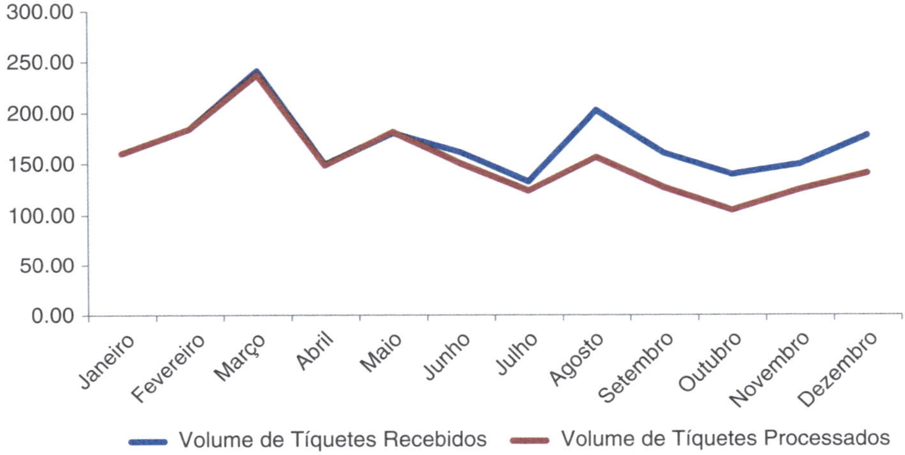

FIGURA 3.20 Remova os marcadores de dados

4. Limpe as legendas de eixo

Um de meus maiores aborrecimentos são os zeros à direita em legendas no eixo *y*: eles não transmitem nenhum valor informativo e ainda podem fazer os números parecerem mais complicados do que são! Desfaça-se deles, reduzindo o peso desnecessário na carga cognitiva do público. Também podemos abreviar os meses do ano, para que se encaixem horizontalmente no eixo *x*, eliminando o texto diagonal.

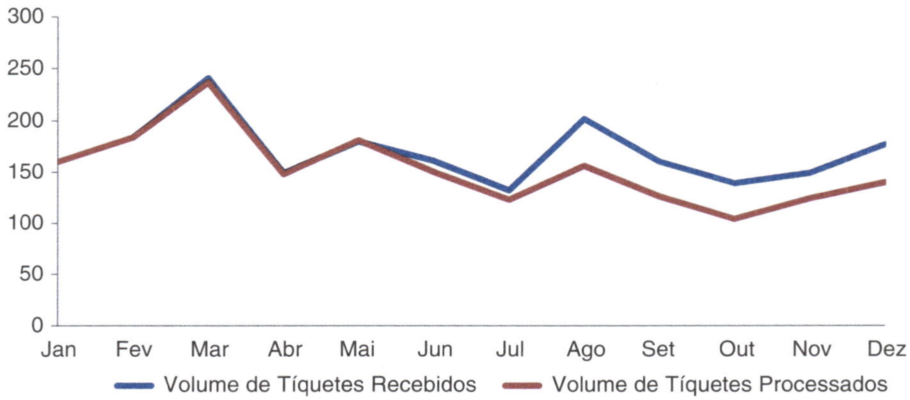

FIGURA 3.21 Limpe as legendas de eixo

5. Legende dados diretamente

Agora que eliminamos grande parte da carga cognitiva extrínseca, o trabalho de ir e voltar entre a legenda e os dados é ainda mais evidente. Lembre-se: queremos identificar tudo que pareça esforço para nosso público e assumir nossa responsabilidade como designers da informação. Neste caso, podemos usar o princípio da proximidade da Gestalt e colocar as legendas bem perto dos dados que elas descrevem.

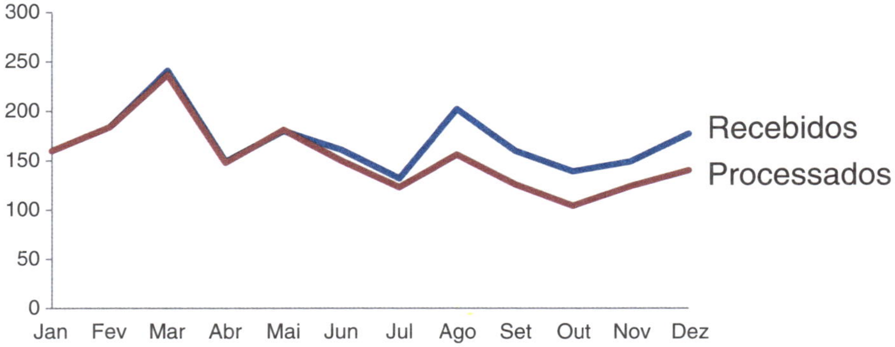

FIGURA 3.22 Legende os dados diretamente

6. Potencialize cores consistentes

Já que usamos o princípio da proximidade da Gestalt no passo anterior, vamos pensar também em usar o princípio da similaridade e deixar as legendas da mesma *cor* que os dados que elas descrevem. Esse é outra dica visual para nosso público, que diz, "essas duas informações estão relacionadas". Você pode usar uma cor para destacar a informação que mais interessa ou duas cores diferentes e contrastantes.

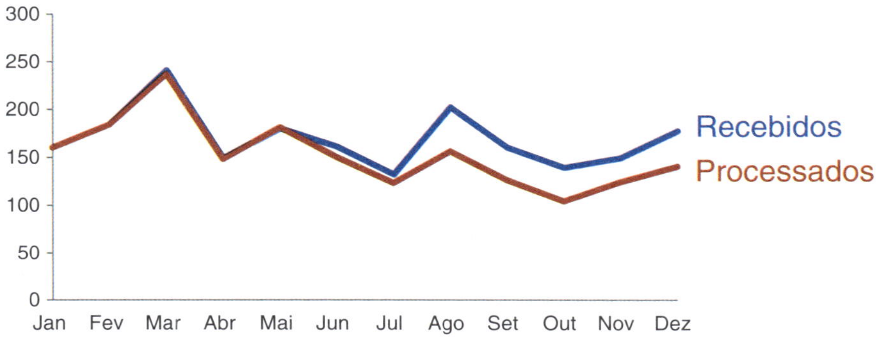

FIGURA 3.23 Use cores consistentes

Esse visual ainda não está completo. Mas identificar e eliminar a saturação nos fez andar bastante no sentido de reduzir a carga cognitiva e melhorar a acessibilidade. Veja o "antes e depois", mostrado na Figura 3.24.

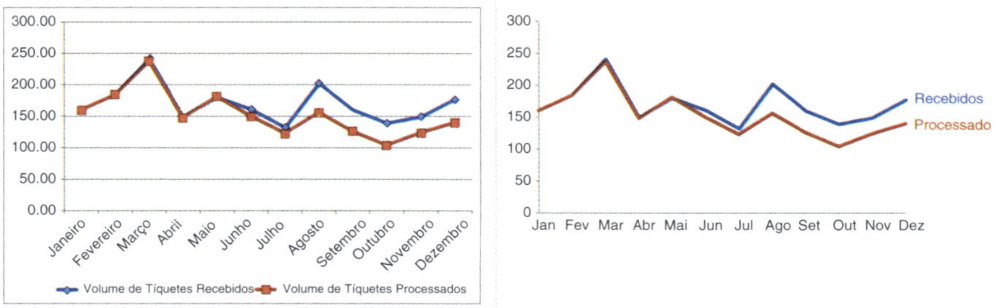

FIGURA 3.24 Antes e depois

Encerramento

Sempre que coloca informações diante de seu público, você está gerando carga cognitiva e pedindo a ele para que use o poder do cérebro para processar as informações. A saturação visual cria carga cognitiva excessiva que pode atrapalhar a transmissão de nossa mensagem. Os Princípios da Gestalt para Percepção Visual podem ajudá-lo a entender como seu público vê e permitir que você identifique e remova os elementos visuais desnecessários. Use alinhamento de elementos e mantenha espaço em branco para ajudar a tornar a interpretação de seus recursos visuais uma experiência mais agradável para seu público. Use contraste estrategicamente. A saturação é sua inimiga: elimine-a de seus visuais!

Agora você sabe **identificar e eliminar a saturação**.

capítulo quatro

focalize a atenção de seu público

No capítulo anterior, aprendemos sobre saturação e a importância de identificá-la e removê-la de nossas apresentações. Enquanto trabalhamos para eliminar as distrações, também queremos examinar o que resta e considerar como queremos que nosso público interaja com nossas comunicações visuais.

Neste capítulo, examinamos melhor como as pessoas veem e como você tira proveito disso ao produzir visuais. Vamos falar brevemente sobre visão e memória para destacar a importância de ferramentas poderosas: os **atributos pré-atentivos**. Vamos explorar como os atributos pré-atentivos, como tamanho, cor e posição na página, podem ser usados estrategicamente de duas maneiras. Primeiro, eles podem ser usados para ajudar a direcionar a atenção do público para onde você deseja que ele se concentre. Segundo, podem ser usados para criar uma hierarquia visual de elementos, para conduzir seu público pelas informações que você deseja comunicar, do modo como quer que as processem.

Entendendo como nosso público vê e processa informação, nos posicionamos melhor para nos comunicarmos eficientemente.

Você vê com seu cérebro

Vamos ver uma imagem simplificada de como as pessoas veem, ilustrada na Figura 4.1. O processo é mais ou menos assim: a luz reflete a partir de um estímulo. Isso é capturado por nossos olhos. Não vemos totalmente com nossos olhos; acontece um processamento aqui, mas é principalmente o que acontece em nosso cérebro que consideramos percepção visual.

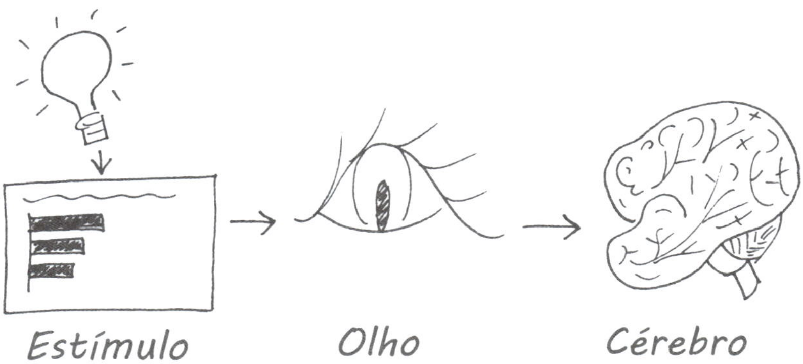

FIGURA 4.1 Uma imagem simplificada de como você vê

Uma breve lição sobre memória

Dentro do cérebro existem três tipos de memória, importantes ao projetarmos comunicações visuais: memória icônica, memória de curto prazo e memória de longo prazo. Cada tipo desempenha um papel importante e distinto. A seguir estão explicações básicas de processos altamente complexos, abordados simplesmente para preparar o terreno para o que você precisa conhecer ao projetar comunicações visuais.

Memória icônica

A memória icônica é super rápida. Ela atua sem que você a perceba conscientemente e é acionada quando olhamos o mundo ao nosso redor. *Por quê?* Há muito tempo, na cadeia evolutiva, os predadores ajudaram nossos cérebros a desenvolver maneiras que permitiram maior eficiência de visão e velocidade de resposta. Em particular, a capacidade de assimilar diferenças em nosso ambiente rapidamente — por exemplo, o movimento de um predador à distância — se tornou arraigada em nosso processo visual. Eram mecanismos de sobrevivência; hoje, eles podem ser aproveitados para uma comunicação visual eficaz.

A informação permanece em sua memória icônica por uma fração de segundo antes de ser encaminhada para sua memória de curto prazo. O importante a saber sobre a memória icônica é que ela está associada a um conjunto de atributos pré-atentivos. Os atributos pré-atentivos são itens fundamentais em seu cinto de utilidades de design visual; portanto, voltaremos a eles em breve. Antes, vamos continuar nossa discussão sobre memória.

Memória de curto prazo

A memória de curto prazo tem limitações. Especificamente, em dado momento, as pessoas podem manter nela cerca de quatro grupos de informações visuais. Isso significa que, se criamos um gráfico com dez séries de dados diferentes, com dez cores diferentes, dez formas diferentes de marcadores de dados e uma legenda ao lado, estamos fazendo nosso público trabalhar duro para ir e voltar entre a legenda e os dados para decifrar o que está olhando. Como já discutimos, tanto quanto possível, queremos limitar esse tipo de peso cognitivo para nosso público. Não queremos fazê-lo trabalhar para entender a informação, pois assim corremos o risco de perder sua atenção. Daí, perdemos nossa capacidade de comunicação.

Nessa situação específica, uma solução é legendar as várias séries de dados diretamente (reduzindo o trabalho de ir e vir entre a legenda e os dados, aproveitando o princípio da proximidade da Gestalt, abordado no Capítulo 3). De um modo geral, queremos formar grupos de informações maiores e coerentes, para podermos encaixá-las no espaço finito da memória operacional de nosso público.

Memória de longo prazo

Quando algo sai da memória de curto prazo, vai para o esquecimento e provavelmente se perde para sempre ou passa para a memória de longo prazo. A memória de longo prazo dura por toda a vida e é fundamentalmente importante para o reconhecimento de padrões e para o processamento cognitivo geral. É a mistura de memória visual e verbal, as quais agem de formas diferentes. A memória verbal é acessada por uma rede neural, na qual o caminho se torna importante para a capacidade de reconhecer ou lembrar. A memória visual, por outro lado, funciona com estruturas especializadas.

Existem aspectos da memória de longo prazo que queremos usar para fixar nossa mensagem em nosso público. De particular importância para nossa conversa é o fato de que imagens podem nos ajudar a lembrar mais rapidamente das coisas armazenadas em nossa memória verbal de longo prazo. Por exemplo, se você vir uma fotografia da Torre Eiffel, uma inundação de conceitos conhecidos, sentimentos a respeito ou experiências tidas em Paris podem ser despertados. Combinando a memória visual e verbal, nos preparamos para o sucesso quando se trata de despertar a formação de memórias de longo prazo em nosso público. Vamos discutir algumas táticas específicas para isso no Capítulo 7, no contexto do storytelling.

Atributos pré-atentivos avisam para onde olhar

Na seção anterior, apresentei a memória icônica e mencionei que ela está associada a atributos pré-atentivos. A melhor maneira de provar o poder dos atributos pré-atentivos é demonstrando-os. A Figura 4.2 mostra um bloco de números. Prestando atenção a como você processa a informação e quanto tempo demora, conte rapidamente quantos números 3 aparecem na sequência.

756395068473
658663037576
860372658602
846589107830

FIGURA 4.2 Exemplo de contagem de números 3

A resposta correta é seis. Na Figura 4.2 não existem indícios visuais para ajudá-lo a chegar a essa conclusão. Isso contribui para um exercício desafiador, no qual você precisa percorrer as quatro linhas de texto, procurando o número 3 (um tipo de forma complicada).

Veja o que acontece quando fazemos uma única mudança no bloco de números. Repita o exercício de contagem de números 3, usando a Figura 4.3.

756**3**9506847**3**
65866**3**0**3**7576
860**3**72658602
846589107 8**3**0

FIGURA 4.3 Contagem de números 3 com atributos pré-atentivos

Observe como o mesmo exercício é mais fácil e rápido com a Figura 4.3. Você não tem tempo para piscar, não mesmo, e repentinamente existem seis números 3 à sua frente. Isso é aparentemente rápido assim porque, nessa segunda iteração, sua memória icônica está sendo usada. O atributo pré-atentivo da intensidade da cor, neste caso, faz com que os números 3 sejam a única coisa a se destacar perante o resto. Nosso cérebro é rápido em assimilar isso, sem que precisemos dedicar qualquer pensamento consciente.

Isso é notável e profundamente poderoso. Significa que, se usarmos os atributos pré-atentivos estrategicamente, eles poderão nos ajudar a ***permitir que nosso público veja o que queremos que ele veja, antes mesmo que saiba o que está vendo!***

Note os vários atributos pré-atentivos que usei no texto anterior para sublinhar sua importância!

A Figura 4.4 mostra os vários atributos pré-atentivos.

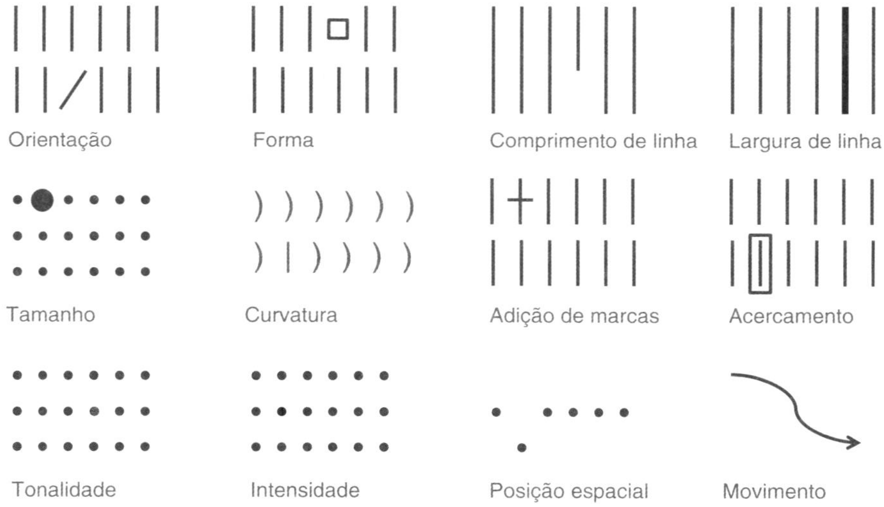

FIGURA 4.4 Atributos pré-atentivos
Fonte: Adaptado do livro *Show Me the Numbers*, sem tradução no Brasil, 2004, de Stephen Few.

Ao examinar os atributos na Figura 4.4, observe como seus olhos são atraídos para o elemento que é diferente do resto dentro de cada grupo: você não precisa procurá-lo. Isso acontece porque nosso cérebro é constituído de forma a perceber rapidamente as diferenças que vemos em nosso ambiente.

As pessoas tendem a associar valores quantitativos a alguns (mas não a todos) atributos pré-atentivos. Por exemplo, a maioria das pessoas considerará que uma linha longa representa um valor maior que uma linha curta. Esse é um dos motivos pelos quais os gráficos de barras são simples de ler. Mas não consideramos as cores da mesma maneira. Se eu perguntar qual é maior — vermelho ou azul? —, não será uma pergunta significativa. Isso é importante, porque nos diz quais dos atributos podem ser usados para codificar informação quantitativa (comprimento de linha, posição espacial ou, de modo mais limitado, largura de linha, tamanho e intensidade podem ser usados para refletir valores relativos) e quais devem ser usados como diferenciadores categóricos.

Quando usados moderadamente, os atributos pré-atentivos podem ser extremamente úteis para duas coisas: (1) chamar rapidamente a atenção de seu público para onde você quer que ele olhe e (2) criar uma hierarquia visual de informações. Vamos ver exemplos de cada um deles, primeiramente com texto e depois no contexto da visualização de dados.

Atributos pré-atentivos em texto

Sem quaisquer indícios visuais, quando confrontados com um bloco de texto, nossa única opção é lê-lo. Mas atributos pré-atentivos empregados moderadamente podem mudar isso rapidamente. A Figura 4.5 mostra como você pode utilizar alguns dos atributos pré-atentivos apresentados anteriormente em seus textos. O primeiro bloco de texto não emprega nenhum atributo pré-atentivo. Isso o torna semelhante ao exemplo da contagem de números 3: você precisa lê-lo, colocar as lentes do que é importante ou interessante e, então, possivelmente lê-lo novamente para colocar as partes interessantes no contexto do resto.

Observe como aproveitar os atributos pré-atentivos muda o modo como você processa a informação. Cada um dos blocos de texto subsequentes emprega um atributo pré-atentivo. Note como, dentro de cada um, o atributo pré-atentivo chama sua atenção e como alguns atributos atraem seus olhos com mais ou menos força que outros (por exemplo, cor e tamanho chamam a atenção, enquanto o itálico obtém ênfase moderada).

Sem atributos pré-atentivos

O que estamos fazendo bem? Ótimos produtos. Esses produtos são claramente os melhores de sua classe. Peças substitutas são enviadas quando necessário. Vocês me enviam juntas sem que eu precise pedir. Os problemas são resolvidos prontamente. O escritório de cobranças resolveu rapidamente um problema que eu tinha. O serviço ao cliente supera as expectativas. O gerente de contas até fez contato fora do horário comercial. Vocês têm uma excelente empresa — continuem o bom trabalho!

Negrito

O que estamos fazendo bem? Ótimos produtos. Esses produtos são claramente os melhores de sua classe. Peças substitutas são enviadas quando necessário. Vocês me enviam juntas sem que eu precise pedir. Os problemas são resolvidos prontamente. O escritório de cobranças resolveu rapidamente um problema que eu tinha. O serviço ao cliente supera as expectativas. O gerente de contas até fez contato fora do horário comercial. Vocês têm uma excelente empresa — continuem o bom trabalho!

Cor

O que estamos fazendo bem? Ótimos produtos. Esses produtos são claramente os melhores de sua classe. Peças substitutas são enviadas quando necessário. Vocês me enviam peças sem que eu precise pedir. Os problemas são resolvidos prontamente. O escritório de cobranças resolveu rapidamente um problema que eu tinha. O serviço ao cliente supera as expectativas. O gerente de contas até fez contato fora do horário comercial. Vocês têm uma excelente empresa — continuem o bom trabalho!

Itálico

O que estamos fazendo bem? Ótimos produtos. Esses produtos são claramente os melhores de sua classe. *Peças substitutas são enviadas quando necessário.* Vocês me enviam juntas sem que eu precise pedir. Os problemas são resolvidos prontamente. O escritório de cobranças resolveu rapidamente um problema que eu tinha. O serviço ao cliente supera as expectativas. O gerente de contas até fez contato fora do horário comercial. Vocês têm uma excelente empresa — continuem o bom trabalho!

Tamanho

O que estamos fazendo bem? Ótimos produtos. Esses produtos são claramente os melhores de sua classe. Peças substitutas são enviadas quando necessário.

Vocês me enviam juntas sem que eu precise pedir. Os problemas são resolvidos prontamente. O escritório de cobranças resolveu rapidamente um problema que eu tinha. O serviço ao cliente supera as expectativas. O gerente de contas até fez contato fora do horário comercial. Vocês têm uma excelente empresa — continuem o bom trabalho!

Espacialmente separado

O que estamos fazendo bem? Ótimos produtos. Esses produtos são claramente os melhores de sua classe. Peças substitutas são enviadas quando necessário. Vocês me enviam juntas sem que eu precise pedir.

Os problemas são resolvidos prontamente.

O escritório de cobranças resolveu rapidamente um problema que eu tinha. O serviço ao cliente supera as expectativas. O gerente de contas até fez contato fora do horário comercial. Vocês têm uma excelente empresa — continuem o bom trabalho!

Contorno (acercamento)

O que estamos fazendo bem? Ótimos produtos. Esses produtos são claramente os melhores de sua classe. Peças substitutas são enviadas quando necessário. Vocês me enviam juntas sem que eu precise pedir. Os problemas são resolvidos prontamente. O escritório de cobranças resolveu rapidamente um problema que eu tinha. O serviço ao cliente supera as expectativas. O [gerente de contas até fez contato] fora do horário comercial. Vocês têm uma excelente empresa — continuem o bom trabalho!

Sublinhado (adição de marcas)

O que estamos fazendo bem? Ótimos produtos. Esses produtos são claramente os melhores de sua classe. Peças substitutas são enviadas quando necessário. Vocês me enviam juntas sem que eu precise pedir. Os problemas são resolvidos prontamente. O escritório de cobranças resolveu rapidamente um problema que eu tinha. O serviço ao cliente supera as expectativas. O gerente de contas até fez contato fora do horário comercial.
Vocês têm uma excelente empresa — continuem o bom trabalho!

FIGURA 4.5 Atributos pré-atentivos em texto

Além de chamar a atenção de nosso público para onde desejamos que ele se concentre, podemos empregar atributos pré-atentivos para criar **hierarquia visual** em nossas comunicações. Como vimos na Figura 4.5, os vários atributos chamam nossa atenção com forças diferentes. Além disso, dentro de determinado atributo pré-atentivo existem variações que chamarão a atenção com mais ou menos intensidade. Por exemplo, com o atributo pré-atentivo da cor, um azul intenso normalmente chamará mais a atenção do que um azul apagado. Ambos chamarão mais a atenção do que um cinza claro. Podemos aproveitar essa variação e usar vários atributos pré-atentivos juntos, para possibilitar que nossos visuais sejam mapeados, enfatizando alguns componentes e retirando a ênfase de outros.

A Figura 4.6 ilustra como isso pode ser feito com o bloco de texto do exemplo anterior.

O que estamos fazendo bem?
Temas e exemplos de comentários

- **Ótimos produtos:** "Esses produtos são claramente os melhores de sua classe."
- **Peças substitutas são enviadas quando necessário:**
  "Vocês me enviam peças sem que eu precise pedir,
  e eu preciso mesmo delas!"
- **Os problemas são resolvidos prontamente:** "O escritório de cobranças resolveu rapidamente um problema que eu tinha."
- **O serviço ao cliente supera as expectativas:**
  "O gerente de contas até fez contato fora do horário comercial.
  Vocês têm uma excelente empresa — continuem o bom trabalho!"

FIGURA 4.6 Atributos pré-atentivos podem ajudar a criar uma hierarquia visual de informações.

Na Figura 4.6, atributos pré-atentivos foram usados para criar uma hierarquia visual de informações. Isso torna as informações que apresentamos mais fáceis de mapear. Estudos têm mostrado que temos de 3 a 8 segundos com nosso público, durante os quais ele decide se vai continuar a ver o que colocamos em sua frente ou direcionar sua atenção para outra coisa. Se usarmos os atributos pré-atentivos com sabedoria, mesmo que tenhamos apenas esses 3 a 8 segundos iniciais, teremos passado ao nosso público a essência do que queremos dizer.

Usar atributos pré-atentivos para criar uma hierarquia visual clara de informações passa instruções implícitas para seu público, indicando a ele como processar as informações. Podemos sinalizar o que é mais importante, no que prestar atenção primeiro, qual é o segundo item mais importante, no que deve prestar atenção em seguida e assim por diante. Podemos colocar os componentes necessários, mas que não afetam a mensagem, em segundo plano, para que não dividam a atenção. Isso facilita e agiliza o recebimento das informações que fornecemos pelo nosso público.

O exemplo anterior demonstrou o uso de atributos pré-atentivos em texto. Esses atributos também são muito úteis para a comunicação eficaz de dados.

Atributos pré-atentivos em gráficos

Sem outros indícios visuais, os gráficos podem se tornar muito parecidos com o exercício de contagem de números 3 ou com o bloco de texto considerado anteriormente. Veja o seguinte exemplo. Imagine que você trabalha em um fabricante de carros. Você quer entender e compartilhar ideias sobre as principais preocupações com o design (medidas como o número de preocupações por 1.000 preocupações) dos clientes para uma marca e modelo de um veículo específico. Seu visual inicial pode ser como o da Figura 4.7.

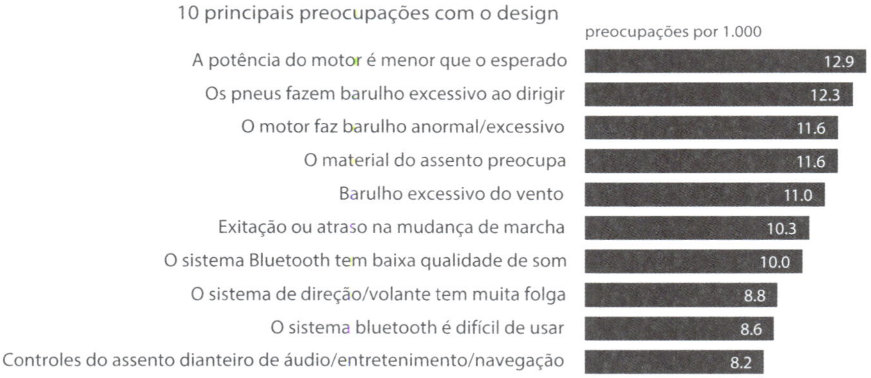

FIGURA 4.7 Gráfico original, sem atributos pré-atentivos

Note como, sem outros indícios visuais, você é obrigado a processar *todas as informações*. Sem indícios sobre o que é importante ou ao que se deve prestar atenção, é o exercício de contagem de números 3 outra vez.

Lembre-se da distinção que fizemos anteriormente, no Capítulo 1, entre análise exploratória e explanatória. O visual da Figura 4.7 poderia ter sido criado durante a fase exploratória: quando você está examinando os dados para saber o que pode ser interessante ou valer a pena comunicar a alguém. A Figura 4.7 nos mostra que existem 10 preocupações com o design com mais de oito preocupações por 1.000.

Quando se trata de análise explanatória e de usar esse visual para compartilhar *informações* com seu público (em vez de apenas mostrar dados), o uso cuidadoso de cor e texto é um modo de enfocarmos a história, como ilustrado na Figura 4.8.

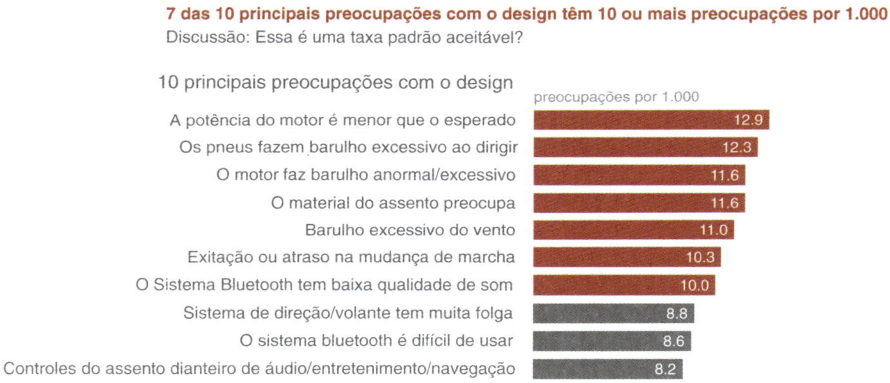

FIGURA 4.8 Use cor para chamar a atenção

Podemos ir um passo além, usando o mesmo visual, mas com enfoque e texto modificados para levar nosso público das partes macro para as partes micro da história, como demonstrado na Figura 4.9.

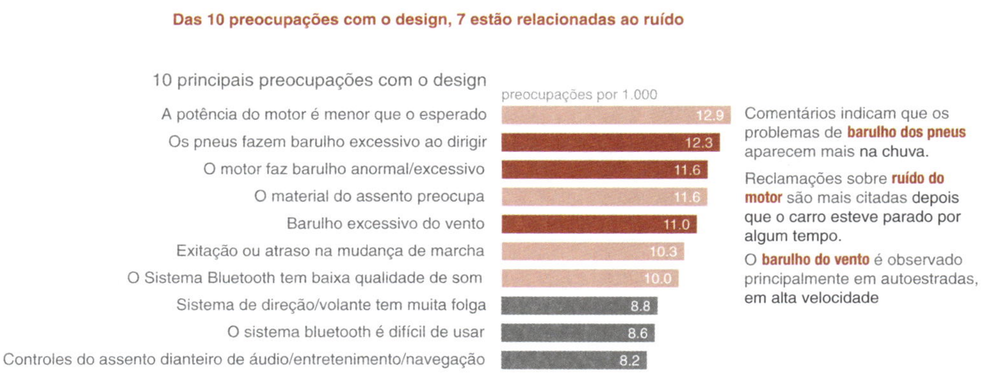

FIGURA 4.9 Crie uma hierarquia visual de informações

Especialmente em ambientes de apresentação ao vivo, iterações repetidas do mesmo visual, com diferentes partes enfatizadas, para contar diferentes histórias ou diferentes aspectos da mesma história (como demonstrado nas Figuras 4.7, 4.8 e 4.9), podem ser uma estratégia eficaz. Isso permite que o público conheça seus dados e visual primeiro e, então, continue a aproveitá-los da maneira ilustrada. Note, nesse exemplo, como seus olhos são atraídos aos elementos do visual que você pretendia enfocar, graças ao uso estratégico de atributos pré-atentivos.

Destacar um aspecto pode dificultar a visão de outras coisas

Um aviso sobre o uso de atributos pré-atentivos: quando você destaca um ponto em sua história, isso pode dificultar a visão de outros. Quando está fazendo análise exploratória, você deve evitar o uso de atributos pré-atentivos principalmente por esse motivo. Contudo, em uma análise *explanatória*, você deve ter uma história específica que está comunicando para seu público. Use atributos pré-atentivos para ajudar a tornar essa história visualmente clara.

O exemplo anterior usou principalmente cor para chamar a atenção do observador. Vamos ver outro cenário, usando um atributo pré-atentivo diferente. Lembre-se do exemplo apresentado no Capítulo 3: você gerencia uma equipe de TI e quer mostrar como o volume de tíquetes recebidos supera os recursos de sua equipe. Depois de limpar o gráfico, ficamos com a Figura 4.10.

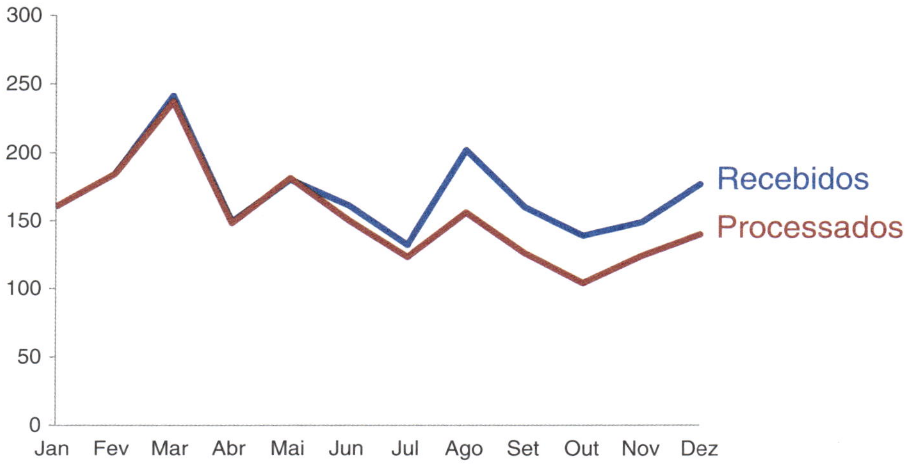

FIGURA 4.10 Vamos rever o exemplo dos tíquetes

No processo de determinar onde quero enfocar a atenção de meu público, uma estratégia que emprego frequentemente é começar colocando *tudo* em segundo plano. Isso me obriga a tomar decisões explícitas sobre o que trazer para a frente ou destacar. Vamos começar fazendo isso; veja a Figura 4.11.

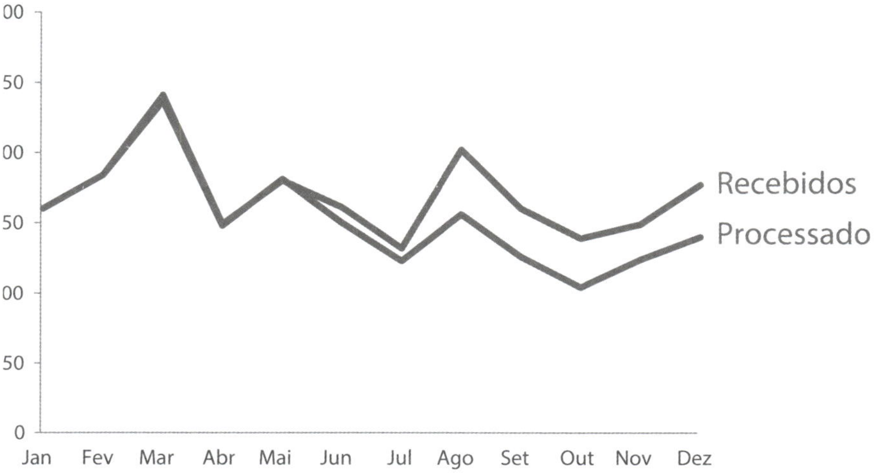

FIGURA 4.11 Primeiro, coloque tudo em segundo plano

Em seguida, quero destacar os dados. A Figura 4.12 mostra as duas séries de dados (Recebidos e Processados) mais escuras e mais altas do que as linhas e as legendas de eixo. Foi uma decisão intencional tornar a linha de Processados mais escura que a linha de Recebidos, a fim de enfatizar o fato de que o número de tíquetes sendo processados caiu em relação ao número que está sendo recebido.

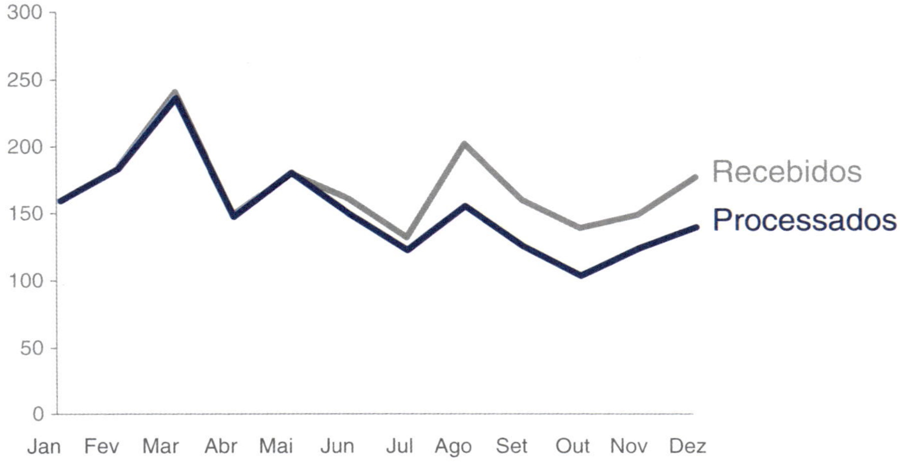

FIGURA 4.12 Faça os dados se destacarem

Neste caso, queremos chamar a atenção do público para o lado direito do gráfico, onde a lacuna começou a se formar. Sem outros indícios visuais, nosso público normalmente começará na parte superior esquerda da imagem e fará um zigue-zague em forma de "z" com os olhos pela página. Finalmente, o observador chegará à lacuna no lado direito, mas vamos considerar como podemos usar nossos atributos pré-atentivos para fazer isso acontecer mais rapidamente.

As marcas de pontos de dados adicionadas e as legendas numéricas representam um atributo pré-atentivo que podemos usar. Contudo, tenha paciência, pois demos um passo na direção errada antes de irmos para a correta. Veja a Figura 4.13.

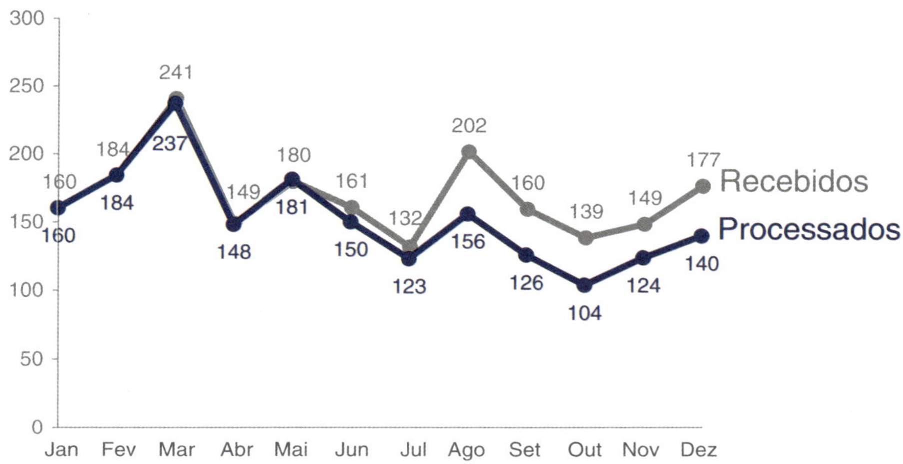

FIGURA 4.13 Legendas demais parecem saturadas

Quando adicionamos marcadores de dados e legendas numéricas a cada ponto de dado, rapidamente criamos uma saturação. Mas veja o que acontece na Figura 4.14, quando somos estratégicos a respeito de *quais* marcadores e legendas preservamos e quais eliminamos.

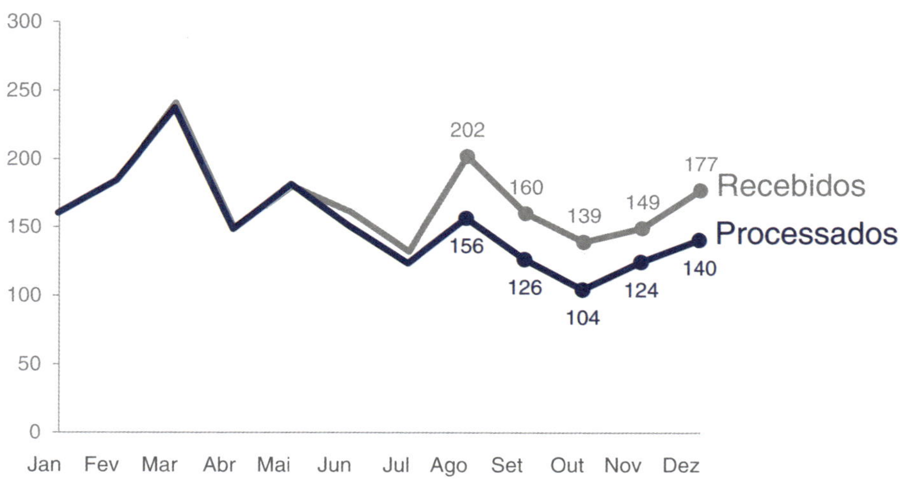

FIGURA 4.14 Legendas usadas moderadamente ajudam a chamar a atenção

Na Figura 4.14, as marcas adicionadas atuam como um sinal de "olhe pra cá", chamando mais rapidamente a atenção de nosso público para o lado direito do gráfico. Eles proporcionam ao nosso público a vantagem adicional de permitir que faça um cálculo matemático rápido, caso queira saber quão grande o acúmulo está se tornando (se acharmos que isso é algo que definitivamente queremos fazer, devemos pensar em fazer para ele).

Esses são apenas dois exemplos de uso de atributos pré-atentivos para focalizar a atenção do público. No restante deste livro, vamos ver vários outros exemplos que aproveitam essa mesma estratégia geral de diferentes maneiras.

Existem alguns atributos pré-atentivos que são tão importantes do ponto de vista estratégico quando se trata de focalizar a atenção de seu público, que justificam suas próprias discussões: tamanho, cor e posição na página. Vamos tratar de cada um deles nas seções a seguir.

Tamanho

O tamanho importa. O tamanho relativo denota a importância relativa. Lembre-se disso ao projetar suas comunicações visuais. Se você estiver mostrando várias coisas de importância aproximadamente igual, dimensione-as de modo semelhante. Como alternativa, se houver algo realmente importante, use o tamanho para indicar isso: torne GRANDE!

O seguinte é uma situação real, na qual o tamanho quase causou repercussões inesperadas.

No início de minha carreira na Google, estávamos projetando um painel para ajudar em um processo de tomada de decisão (estou sendo intencionalmente vaga para preservar a confidencialidade). Na fase de design havia três informações principais que queríamos incluir, somente uma das quais estava prontamente disponível (os outros dados tinham de ser obtidos). Nas versões iniciais do painel, a informação de que dispúnhamos ocupou provavelmente 60% do espaço disponível, com espaços reservados para as outras informações que estávamos coletando. Depois de obtermos os outros dados, os colocamos nos espaços existentes. Bem depois, percebemos que o tamanho dos dados iniciais que incluímos estava chamando atenção indevida se comparado com o resto das informações da página. Felizmente, identificamos isso antes que fosse tarde demais. Modificamos o layout de modo que as três coisas igualmente importantes tivessem o mesmo tamanho. É interessante pensar que conversas completamente diferentes ocorreram e decisões foram tomadas como resultado dessa mudança no design.

Essa foi uma lição importante para mim (e vamos destacá-la na próxima seção, sobre cores): não permita que suas escolhas de design sejam casuais; em vez disso, elas devem ser o resultado de decisões explícitas.

Cor

Quando usada moderadamente, a cor é uma das ferramentas mais poderosas para chamar a atenção de seu público. Resista ao impulso de usar cor apenas para colorir; em vez disso, use cor seletivamente, como uma ferramenta estratégica para destacar as partes importantes de sua apresentação. O uso de cores sempre deve ser uma decisão intencional. Nunca deixe que sua ferramenta tome essa importante decisão para você!

Normalmente, eu projeto meus visuais em tons cinzas e escolho uma única cor forte para chamar a atenção para onde desejo. Minha cor básica é cinza, não preto, para permitir um maior contraste, pois as cores se destacam mais contra cinza do que contra preto. Para chamar a atenção, frequentemente uso azul, por vários motivos: (1) eu gosto, (2) evito problemas de daltonismo, que vamos discutir em breve, e (3) imprime bem em preto e branco. Dito isso, azul certamente não é sua única opção.

Quando se trata do uso de cor, existem várias lições a aprender: utilize moderadamente, use uniformemente, projete tendo em vista o daltonismo, leve em consideração o tom que a cor transmite e considere se usará cores de marca. Vamos discutir tudo isso em detalhes (e você vai ver muitos exemplos onde desvio de meu azul típico, por diversos motivos).

Use cor moderadamente

É fácil identificar um falcão em um céu cheio de pombos, mas à medida que a variedade de pássaros aumenta, torna-se cada vez mais difícil localizar o falcão. Lembra-se do provérbio de Colin Ware que discutimos no último capítulo sobre saturação? O mesmo princípio se aplica aqui. Para que a cor seja eficiente, ela deve ser usada com moderação. Variedade demais impede que algo se destaque. Há necessidade de contraste suficiente para fazer algo chamar a atenção de seu público.

Quando usamos cores demais juntas, além de entrarmos na terra do arco-íris, perdemos seu valor pré-atentivo. Por exemplo, uma vez encontrei uma tabela que mostrava a classificação no mercado de alguns remédios em vários países diferentes, semelhante ao lado esquerdo da Figura 4.15. Cada classificação (1, 2, 3 e assim por diante) recebia sua própria cor ao longo do espectro do arco-íris: 1 = vermelho, 2 = laranja, 3 = amarelo, 4 = verde claro, 5 = verde, 6 = verde-azulado, 7 = azul, 8 = azul escuro, 9 = violeta claro, 10+ = violeta. As células dentro da tabela eram preenchidas com a cor que correspondia à classificação numérica. Rainbow Brite adoraria essa tabela (para quem não conhece, uma rápida pesquisa de imagens no Google sobre Rainbow Brite esclarecerá essa declaração), mas eu não gostei. O poder dos atributos pré-atentivos foi perdido: tudo era diferente, o que significava que nada se destacava. Estávamos de volta ao exemplo da contagem de números 3 — só que pior, porque a variação de cores na verdade mais atrapalhava do que ajudava. Uma alternativa melhor seria usar saturação variada de uma única cor (um mapa de calor).

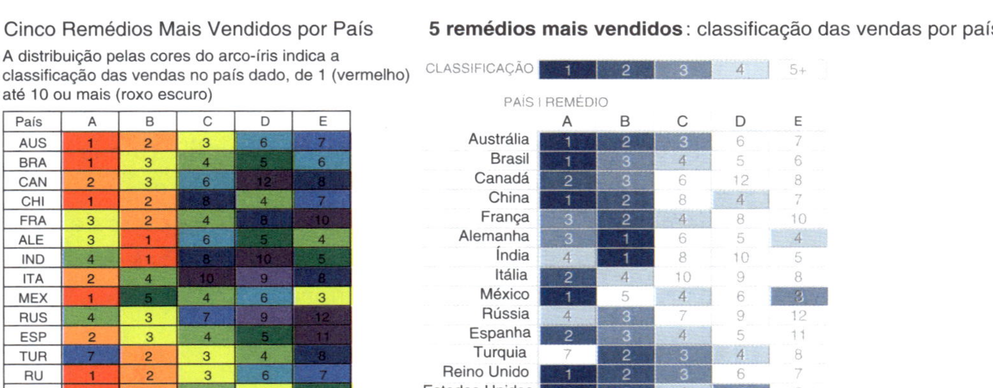

Cinco Remédios Mais Vendidos por País

A distribuição pelas cores do arco-íris indica a classificação das vendas no país dado, de 1 (vermelho) até 10 ou mais (roxo escuro)

País	A	B	C	D	E
AUS	1	2	3	6	7
BRA	1	3	4	5	6
CAN	2	3	6	12	8
CHI	1	2	8	4	7
FRA	3	2	4	8	10
ALE	3	1	6	5	4
IND	4	1	8	10	5
ITA	2	4	10	9	8
MEX	1	5	4	6	3
RUS	4	3	7	9	12
ESP	2	3	4	5	11
TUR	7	2	3	4	8
RU	1	2	3	6	7
EUA	1	2	4	3	5

5 remédios mais vendidos: classificação das vendas por país

CLASSIFICAÇÃO 1 2 3 4 5+

PAÍS I REMÉDIO	A	B	C	D	E
Austrália	1	2	3	6	7
Brasil	1	3	4	5	6
Canadá	2	3	6	12	8
China	1	2	8	4	7
França	3	2	4	8	10
Alemanha	3	1	6	5	4
Índia	4	1	8	10	5
Itália	2	4	10	9	8
México	1	5	4	6	3
Rússia	4	3	7	9	12
Espanha	2	3	4	5	11
Turquia	7	2	3	4	8
Reino Unido	1	2	3	6	7
Estados Unidos	1	2	4	3	5

FIGURA 4.15 Use as cores moderadamente

Vamos considerar a Figura 4.15. Imagine que no quadro da esquerda existem diferentes cores, uma para cada número. Para onde vão seus olhos na versão da esquerda? Os meus vagueiam bastante, tentando descobrir em que devo prestar atenção. Meus olhos hesitam no violeta escuro, depois vermelho e, então, azul escuro, provavelmente porque essas cores têm maior saturação do que as outras. No entanto, quando consideramos o que essas cores representam, não é necessariamente onde queremos que nosso público olhe.

Na versão da direita é usada uma saturação variada de uma única cor. Mas você pode usar qualquer cor que preferir, desde que use apenas gradações dessa mesma cor. Note que nossa percepção é mais limitada quando se trata de saturação relativa, mas uma vantagem é que ela carrega algumas suposições quantitativas (mais saturado representa um valor maior do que menos saturado ou vice-versa — algo que você não obtém com as cores do arco-íris usadas originalmente como diferenciadores categóricos). Isso funciona bem para nosso propósito aqui, em que os números baixos (líderes de mercado) são denotados com a saturação de cor mais alta. Somos atraídos primeiro para o azul escuro — os líderes de mercado. Esse é um uso mais cuidadoso de cor.

Para onde seus olhos são atraídos?

Existe um teste fácil para determinar se os atributos pré-atentivos estão sendo usados eficientemente. Crie seu visual e, então, feche os olhos ou desvie o olhar por uns instantes. Em seguida, olhe de novo, observando para onde seus olhos são atraídos primeiro. Eles pousam imediatamente onde você deseja que seu público focalize? Melhor ainda, busque a ajuda de um amigo ou colega — peça para ele explicar como processa a apresentação: para onde seus olhos vão primeiro, para onde vão depois disso e assim por diante. Essa é uma boa maneira de ver as coisas através dos olhos de seu público e confirmar se o visual que você criou está chamando a atenção e gerando uma hierarquia visual de informações da maneira desejada.

Use a cor de modo uniforme

Uma pergunta feita regularmente em meus workshops é a respeito da novidade. *Faz sentido mudar as cores ou os tipos de gráfico para que o público não fique entediado?* Minha resposta é um retumbante *Não!* A história que você está contando deve ser o que mantém a atenção de seu público (vamos falar mais sobre história no Capítulo 7), não o design dos elementos de seus gráficos. Quanto ao tipo de gráfico, você sempre deve usar o que for mais fácil para seu público ler. Ao mostrar informação semelhante que pode ser representada no gráfico da mesma maneira, pode ser vantajoso manter o mesmo layout, pois, basicamente, você treina o público a ler a informação, facilitando a interpretação dos gráficos posteriores e reduzindo a fadiga mental.

Uma mudança nas cores sinaliza exatamente isso — uma mudança. Assim, use isso quando quiser que o público perceba a mudança por algum motivo, mas nunca simplesmente por causa da novidade. Se estiver projetando sua comunicação em tons de cinza e usando uma única cor para chamar a atenção, use esse mesmo esquema em toda a comunicação. Seu público aprende rapidamente que azul, por exemplo, sinaliza onde deve olhar primeiro, e pode usar esse entendimento ao processar os slides ou visuais subsequentes. Contudo, se quiser sinalizar uma clara mudança no tópico ou no tom, uma alteração na cor é um modo de reforçar isso visualmente.

Existem alguns casos nos quais o uso de cor deve ser uniforme. Seu público normalmente vai se familiarizar com o que as cores significam e, então, vai presumir que os mesmos detalhes se aplicam a todo o restante da comunicação. Por exemplo, se você estiver exibindo dados em quatro regiões de um gráfico, cada uma com sua própria cor em um lugar dentro de sua apresentação ou relatório, preserve esse mesmo esquema em todos os visuais no restante da apresentação ou do relatório (e, se possível, evite o uso das mesmas cores para outros propósitos). Não confunda seu público alterando o uso da cor.

Design com daltonismo em mente

Aproximadamente 8% dos homens (incluindo meu marido e um antigo chefe) e metade disso de mulheres são daltônicos. Frequentemente, isso se manifesta como a dificuldade de distinguir entre tons vermelho e verde. De modo geral, você não deve usar tons vermelhos e verdes. Às vezes, contudo, há uma conotação útil com o uso de vermelho e verde: vermelho para denotar uma perda de dois dígitos para a qual você quer chamar a atenção ou o verde para destacar crescimento significativo. Você ainda pode aproveitar isso, mas certifique-se de ter algum indício visual adicional para diferenciar os números importantes, a fim de não prejudicar parte de seu público. Pense também em usar negrito, saturação ou brilho variado, ou em adicionar um simples sinal de mais ou menos em frente aos números para garantir que se destaquem.

Quando estou projetando um visual e selecionando cores para realçar aspectos positivos e negativos, frequentemente uso azul para sinalizar positivo e laranja para negativo. Acho que as associações positivas e negativas com essas cores podem ser reconhecidas e evito o desafio do daltonismo descrito. Ao se deparar com essa situação, considere se é preciso destacar as duas extremidades da escala (positivo e negativo) com cor ou se chamar a atenção para uma ou para outra (ou sequencialmente, uma e depois a outra) pode funcionar para contar sua história.

Veja os gráficos e slides através de olhos daltônicos

Existem vários sites e aplicativos com simuladores de daltonismo que permitem ver como sua apresentação fica para daltônicos. Por exemplo, o *Vischeck* (vischeck.com - conteúdo em inglês) permite carregar imagens ou baixar a ferramenta para usar em seu computador. O *Color Oracle* (colororacle.org - conteúdo em inglês) oferece download gratuito para Windows, Linux ou Mac, que aplica um filtro de cor na tela inteira, independente do software em uso. O *CheckMyColours* (checkmycolours.com - conteúdo em inglês) é uma ferramenta para verificar cores de primeiro e segundo plano e determinar se elas oferecem contraste suficiente quando vistas por um daltônico.

Pense no tom que a cor transmite

A cor desperta emoção. Considere o tom que deseja estabelecer em sua visualização de dados ou comunicação mais ampla e escolha uma cor (ou mais) que ajude a reforçar a emoção que deseja despertar em seu público. O assunto é sério ou alegre? Você está fazendo uma declaração ousada e notável e quer que a cor a ecoe ou uma abordagem mais circunspecta, com um esquema de cores obscuras, é adequada?

Vamos discutir dois exemplos específicos de cor e tom. Certa vez, um cliente me disse que as apresentações que eu tinha feito pareciam "legais demais" (assim, amistosamente). Eu havia criado esses visuais em minha paleta de cores típica: tons de cinza com azul médio usado moderadamente para chamar a atenção. Eles relatavam os resultados de uma análise estatística e foram usados para (e exigiam) uma aparência mais clínica. Levando isso em conta, retoquei os visuais a fim de usar preto para chamar a atenção. Troquei também parte do texto do título para maiúsculas e mudei a fonte de tudo (vamos discutir fontes com mais detalhes no Capítulo 5, no contexto do design).

As apresentações finais, embora basicamente as mesmas, tinham uma aparência completamente diferente, graças a essas alterações simples. Como acontece com muitas outras decisões que tomo ao comunicar dados, o público (nesse caso, meu cliente) deve ser o mais importante e suas necessidades e desejos devem ser considerados ao se fazer escolhas de design como essas.

Conotações culturais das cores

Ao escolher cores de comunicações para públicos internacionais, pode ser importante considerar as conotações que elas têm em outras culturas. David McCandless criou uma visualização mostrando cores e o que significam em diferentes culturas, o que pode ser encontrado em seu livro *The Visual Miscellaneum: A Colorful Guide to the World's Most Consequential Trivia*, sem tradução no Brasil, (2012) ou em seu site, em informationisbeautiful.net/visualizations/colours-in-cultures, conteúdo em inglês.

Como outro exemplo de cor e tom, lembro-me de estar folheando uma revista de aviação em uma viagem de ônibus e encontrar um artigo fofinho sobre encontros online, acompanhado por gráficos representando dados relacionados. Os gráficos eram quase inteiramente rosa-choque e azul-esverdeado. Você escolheria esse esquema de cores para seu relatório comercial trimestral? Certamente, não. Mas dada a natureza e o tom animado do artigo, esses visuais acompanhados de cores vívidas funcionaram (e chamaram minha atenção!).

Cores de marca: usar ou não?

Algumas empresas passam pelo enorme trabalho de criar sua marca e a paleta de cores associada. Podem ser cores de marca com que você é obrigado a trabalhar ou que façam sentido aproveitar. O segredo do sucesso, nesse caso, é identificar uma ou talvez duas cores de marca para usar como se fossem placas escritas "olhe aqui" e manter o restante de sua paleta de cores relativamente obscura, com tons de cinza ou preto.

Em alguns casos, pode fazer sentido afastar-se totalmente das cores de marca. Por exemplo, uma vez eu estava trabalhando com um cliente cuja cor de marca era um tom verde claro. No início, eu queria usar esse verde como cor de destaque, mas ele simplesmente não chamava a atenção o suficiente. Não havia contraste suficiente, de modo que as apresentações que eu criava tinham uma aparência desbotada. Quando isso acontece, você pode usar preto para chamar a atenção, quando tudo mais estiver em tons de cinza, ou escolher uma cor totalmente diferente — apenas certifique-se de que ela não entre em conflito com as cores de marca, caso precisem ser mostradas juntas (por exemplo, se o logotipo da marca vai estar em cada página da pilha de slides que você está construindo). Nesse caso em particular, o cliente escolheu a versão em que usei uma cor totalmente diferente. Um exemplo de cada uma das estratégias aparece na Figura 4.16.

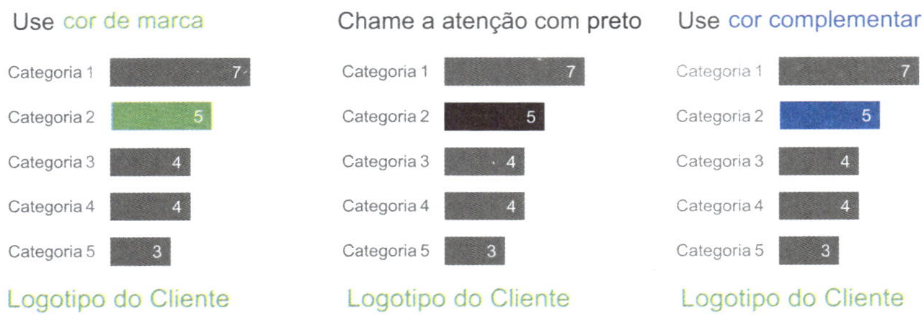

FIGURA 4.16 Opções de cor com cores de marca

Resumindo: pense bem no uso das cores!

Posição na página

Sem outras pistas, a maior parte de seu público vai começar na parte superior esquerda de seu gráfico ou slide e percorrer com os olhos em movimentos de zigue-zague pela tela ou página. Eles veem a parte superior da página primeiro, o que a transforma em um local precioso. Pense em colocar o que for mais importante ali (veja a Figura 4.17).

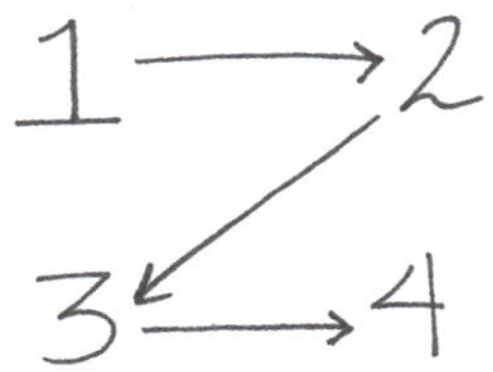

FIGURA 4.17 O "z" em zigue-zague para absorver informação em uma tela ou página

Se algo é importante, tente não fazer com que seu público olhe em outro material para entender isso. Elimine esse trabalho, colocando o que é importante no topo. Em um slide, podem ser palavras (a principal informação ou chamada para ação). Em uma visualização de dados, pense sobre quais dados você quer que o público veja primeiro e se faz sentido reorganizar o visual de forma correspondente (isso não acontecerá sempre, mas é uma ferramenta que você tem à disposição para sinalizar importância para seu público).

Tenha como objetivo trabalhar dentro do modo como seu público absorve informação, não contra ele. Eis um exemplo de como pedir ao público para que trabalhe contra seu modo natural: vi uma vez o diagrama de fluxo de um processo que começava na parte inferior direita e era preciso lê-lo de baixo para cima e para a esquerda. Isso era muito desconfortável (sentimentos de desconforto devem ser evitados em nosso público!). Tudo que eu queria era ler de cima à esquerda para baixo à direita, independente dos outros indícios visuais presentes para tentar me estimular a fazer o oposto. Outro exemplo que às vezes vejo em visualização de dados é algo representado em uma escala que varia do negativo para o positivo, em que os valores positivos estão à esquerda (normalmente associada ao negativo) e os valores negativos à direita (mais naturalmente associada ao positivo). Novamente, neste exemplo, a informação está organizada de um modo que vai contra a maneira que o público quer absorvê-la, causando o desafio visual de decifrar. Vamos ver um exemplo específico relacionado a isso no estudo de caso 3, no Capítulo 9.

Esteja atento a como posicionar elementos em uma página e faça isso de um modo que pareça natural para seu público absorver.

Encerramento

Os atributos pré-atentivos são ferramentas poderosas quando usados moderada e estrategicamente na comunicação visual. Sem outras pistas, nosso público precisa processar *toda* informação que colocamos em sua frente. Facilite isso, usando atributos pré-atentivos, como tamanho, cor e posição na página, para sinalizar o que é importante. Use esses atributos estratégicos para chamar a atenção para onde você deseja que seu público olhe e para criar uma hierarquia visual que ajude a conduzi-lo pelo visual da maneira que você deseja. Avalie a eficácia dos atributos pré-atentivos em sua apresentação, aplicando o teste do "para onde seus olhos são atraídos?".

Com isso, considere sua quarta lição aprendida. Agora você sabe como **levar a atenção de seu público para onde você deseja**.

capítulo cinco

pense como um designer

A forma segue a função. Esse princípio do design de produtos tem aplicação clara na comunicação com dados. Quando se trata da forma e função de nossas visualizações de dados, pensamos primeiro no que queremos que nosso público *faça* com os dados (função) e então criamos uma visualização (forma) que permita isso com facilidade. Neste capítulo, discutimos como os conceitos tradicionais do design podem ser aplicados à comunicação com dados. Vamos explorar **affordances**, **acessibilidade** e **estética**, recorrendo a vários conceitos já apresentados, mas examinando-os através de lentes um pouco diferentes. Também vamos discutir estratégias para obter a **aceitação** do público para seus designs visuais.

Os designers conhecem os fundamentos do bom design, mas também como confiar nos seus olhos. Talvez você pense: *Mas não sou designer!* Pare de pensar assim. Você consegue reconhecer um design inteligente. Conhecendo alguns aspectos e exemplos comuns do bom design, vamos infundir confiança em seus instintos visuais e aprender algumas dicas concretas a seguir e ajustes a fazer quando as coisas não parecerem totalmente corretas.

Affordances[1]

No campo do design, os especialistas falam que os objetos têm "affordances". São aspectos inerentes ao design que tornam óbvio como o produto deve ser usado. Por exemplo, uma maçaneta permite ser girada, um botão permite ser pressionado e uma corda permite ser puxada. Essas características sugerem como interagir com o objeto ou operá-lo. Quando affordances suficientes estão presentes, o bom design desaparece e você nem percebe.

Como exemplo de affordances em ação, vamos examinar a marca OXO. Em seu site, eles expressam sua característica distintiva como "Design Universal" — a filosofia de fazer produtos fáceis de usar para o maior espectro possível de usuários. De particular relevância para nossa conversa aqui são seus utensílios de cozinha (já comercializados como "instrumentos que você consegue manejar"). Os utensílios são projetados de tal modo que só há uma maneira de pegá-los — a maneira correta. Assim, os utensílios de cozinha OXO funcionam do jeito certo, sem que a maioria reconheça que isso se dá graças ao design cuidadoso (Figura 5.1).

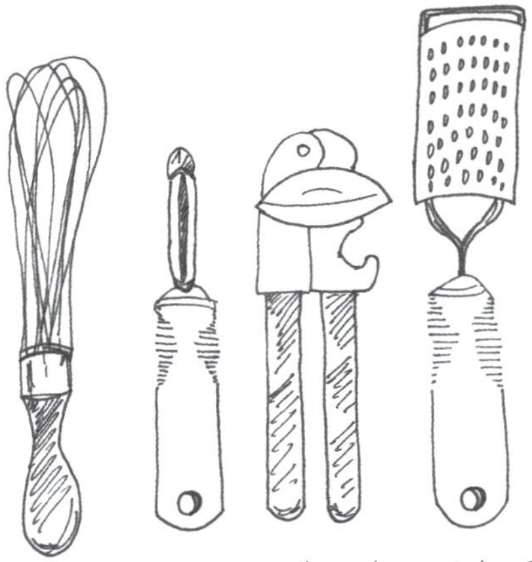

FIGURA 5.1 Utensílios de cozinha OXO

Vamos considerar como podemos traduzir o conceito de ***affordances*** para a comunicação com dados. Podemos aproveitar as ***affordances*** visuais para indicar ao nosso público como usar e interagir com nossas visualizações. Vamos discutir três lições específicas com esse fim: (1) realçar o que é importante, (2) eliminar as distrações e (3) criar uma clara hierarquia de informações.

1 - Nota da Revisão Técnica: Não há consenso sobre a tradução de Affordance para o português. Em tradução livre, seria algo parecido com "reconhecimento das funcionalidades".

Realçar o que é importante

Já demonstramos o uso de atributos pré-atentivos para chamar a atenção do público para onde queremos que ele foque: em outras palavras, realçar o que é importante. Vamos continuar a explorar essa estratégia. O fundamental aqui é realçar apenas uma fração do visual, pois os efeitos do realce são diluídos à medida que a porcentagem realçada aumenta. Em *Universal Principles of Design*, sem tradução no Brasil (Lidwell, Holden, and Butler, 2003), recomenda-se que, no máximo, 10% do design visual seja realçado. Eles oferecem as seguintes diretrizes:

- **Negrito**, *itálico* e <u>sublinhado</u>: use para títulos, subtítulos, legendas e sequências curtas de palavras, para diferenciar elementos. Negrito geralmente é preferível em relação ao itálico e ao sublinhado, pois adiciona ruído mínimo ao design, ao passo que realça claramente os elementos escolhidos. O itálico adiciona ruído mínimo, mas não destaca tanto e é menos legível. O sublinhado adiciona ruído e compromete a legibilidade; portanto, deve ser usado moderadamente (se for usado).
- CAIXA e fonte: texto em maiúsculas em sequências curtas de palavras é facilmente visualizado, o que pode funcionar bem quando aplicado a títulos, legendas e palavras-chave. Evite o uso de fontes diferentes como técnica de realce, pois é difícil conseguir uma diferença perceptível sem atrapalhar a estética.
- **Cor** é uma técnica de realce eficiente quando usada moderadamente, geralmente em conjunto com outras técnicas de realce (por exemplo, negrito).
- Inverter elementos é eficaz para atrair a atenção, mas pode adicionar ruído considerável a um design, de modo que deve ser usado moderadamente.
- Tamanho é outro modo de chamar a atenção e sinaliza importância.

Na lista acima, omiti "piscado ou brilho", que Lidwell et al. incluem, com instruções para uso somente a fim de indicar informações altamente importantes que exigem resposta imediata. Não recomendo usar piscado ou brilho na comunicação com dados para finalidades explanatórias (isso tende a ser mais irritante do que útil).

Note que os atributos pré-atentivos podem ser sobrepostos; portanto, se houver algo realmente importante, você pode sinalizar isso e chamar a atenção tornando maior, colorido e negritado.

Vamos ver um exemplo de uso eficaz de realce na visualização de dados. Um gráfico semelhante ao da Figura 5.2 foi incluído no artigo do Pew Research Center de fevereiro de 2014, intitulado (em inglês) "Novos Dados do Censo Mostram que Mais Americanos Estão Se Casando, mas Quase Todos têm Ensino Superior".

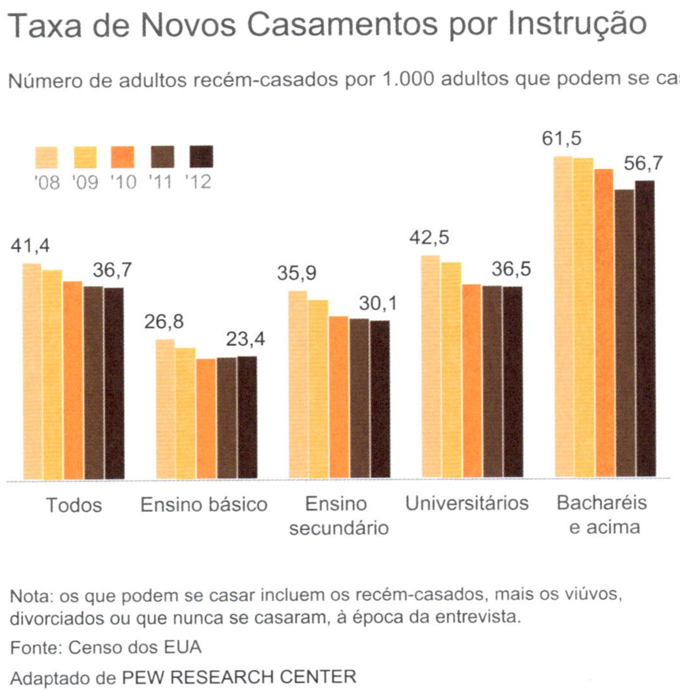

FIGURA 5.2 Gráfico original do Pew Research Center

Baseada no artigo que a acompanha, a Figura 5.2 demonstra que o aumento de 2011 a 2012 observado no total de novos casamentos ocorreu principalmente devido a um aumento nos que têm bacharelado ou mais (não parece ser um aumento baseado na tendência "Todos" mostrada, mas vamos ignorar isso). Contudo, o design da Figura 5.2 não chama muito nossa atenção para isso. Em vez disso, minha atenção é chamada para as barras de 2012 dentro dos vários grupos, pois são representadas em uma cor mais escura que o resto.

Mudar o uso de cor nesse visual pode redirecionar completamente nosso foco. Veja a Figura 5.3.

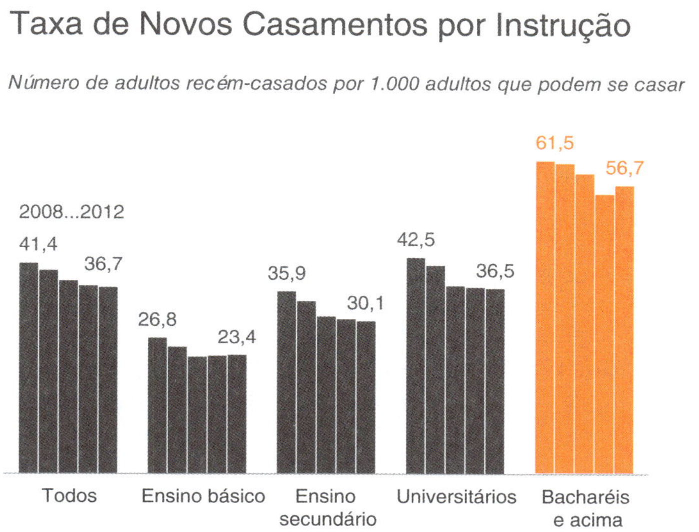

Nota: os que podem se casar incluem os recém-casados, mais os viúvos, divorciados ou que nunca se casaram, à época da entrevista.

Fonte: Censo dos EUA

Adaptado de PEW RESEARCH CENTER

FIGURA 5.3 Realce o que for importante

Na Figura 5.3, a cor laranja foi usada para realçar os pontos de dados de quem tem bacharelado ou mais. Tornando tudo mais cinza, o realce fornece um claro sinal de onde devemos concentrar nossa atenção. Vamos voltar a esse exemplo em breve.

Eliminar as distrações

Enquanto realçamos as partes importantes, também queremos eliminar as distrações. Em seu livro *Airman's Odyssey, sem tradução no Brasil*, Antoine de Saint-Exupery disse uma frase memorável: "Você sabe que atingiu a perfeição, não quando não tem mais nada a acrescentar, mas quando não tem nada a tirar" (Saint-Exupery, 1943). Quando se trata da perfeição do design na visualização de dados, a decisão do que cortar ou desenfatizar pode ser ainda mais importante do que incluir ou realçar.

Para identificar as distrações, pense na saturação e no contexto. Já discutimos a saturação: são os elementos que ocupam espaço, mas não acrescentam informações às nossas apresentações. Contexto é o que precisa estar diante de seu público, a fim de que o que se quer comunicar faça sentido. Para o contexto, use a quantidade certa — nem muito, nem pouco. Considere, em linhas gerais, qual informação é fundamental e qual não é. Identifique informações ou itens desnecessários, extrínsecos ou irrelevantes. Determine se existem coisas que podem atrapalhar seu ponto ou mensagem principal. Todos eles são candidatos à eliminação.

Veja algumas considerações específicas para ajudá-lo a identificar possíveis distrações:

- **Nem todos os dados têm importância igual.** Use bem o seu espaço e a atenção do público, desfazendo-se de dados ou componentes desnecessários.
- **Quando detalhes não forem necessários, resuma.** Você deve conhecer os detalhes, mas isso não significa que seu público precise conhecê-los. Considere se resumir é adequado.
- **Pergunte-se: eliminar isso mudaria alguma coisa?** Não? Elimine! Resista à tentação de manter coisas porque são fofas ou porque foi difícil criá-las; se elas não contribuem para a mensagem, não servem para a comunicação.
- **Coloque em segundo plano os itens necessários, mas que não impactam a mensagem**. Use seu conhecimento dos atributos pré-atentivos para retirar a ênfase. Cinza claro funciona bem para isso.

Cada passo na redução e na retirada de ênfase faz com que o restante se destaque. Nos casos em que você não tiver certeza se precisará do detalhe que está pensando em cortar, veja se há um modo de incluí-lo sem retirar a força de sua mensagem principal. Por exemplo, em uma apresentação de slides, você pode colocar conteúdo no apêndice para que esteja lá, caso precise, mas não atrapalhe seu ponto principal.

Vamos discutir novamente o exemplo do Pew Research. Na Figura 5.3, usamos cor moderadamente para destacar a parte importante de nosso visual. Podemos melhorar ainda mais esse gráfico, eliminando as distrações, como ilustrado na Figura 5.4.

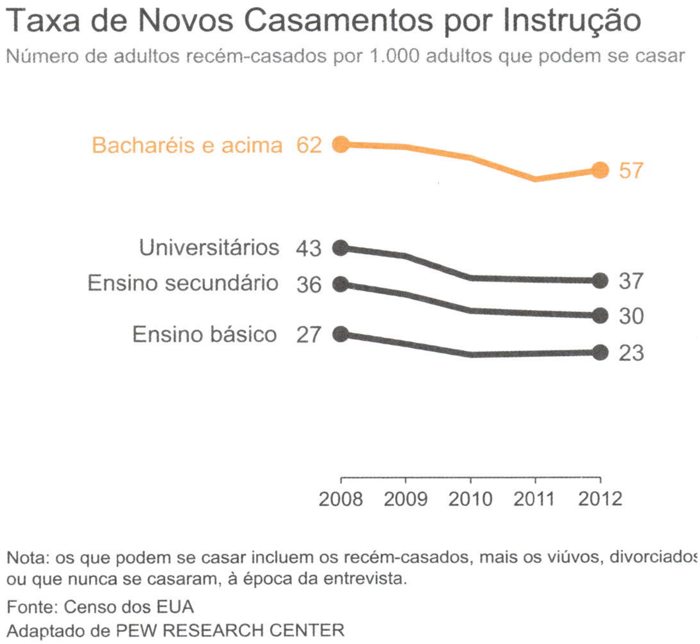

FIGURA 5.4 Elimine as distrações.

Na Figura 5.4, várias alterações foram feitas para eliminar as distrações. A maior mudança foi do gráfico de barras para um gráfico de linhas. Como já discutimos, os gráficos de linhas normalmente facilitam a visualização de tendências ao longo do tempo. Essa mudança também tem o efeito de reduzir os elementos visualmente, pois os dados que antes ocupavam cinco barras são reduzidos a uma linha com os pontos extremos realçados. Quando consideramos todos os dados que estão sendo representados, caímos de 25 barras para 4 linhas. A organização dos dados como um gráfico de linhas permite usar apenas um eixo x, que pode ser aproveitado em todas as categorias. Isso simplifica o processamento das informações (em vez de ver os anos em uma legenda à esquerda e depois ter de transladar entre os vários grupos de barras).

A categoria "Todos", incluída no gráfico original, foi eliminada. Ela era a junção de todas as outras categorias; portanto, mostrá-la separadamente era redundante, sem acrescentar valor. Isso nem sempre acontece, mas aqui ela não acrescentava nada de interessante à história.

As vírgulas decimais nas legendas de dados foram eliminadas pelo arredondamento para o próximo algarismo inteiro. Os dados que estão sendo representados são o "Número de adultos recém-casados por 1.000"; acho estranho discutir o número de adultos usando casas decimais (frações de uma pessoa!). Além disso, a dimensão dos números e as diferenças visíveis entre eles significam que não precisamos do nível de precisão ou granularidade que as vírgulas decimais oferecem. É importante levar em conta o contexto ao tomar decisões como essa.

O itálico no subtítulo foi alterado para fonte normal. Não havia motivo para chamar a atenção para essas palavras. No original, achei que a separação espacial entre o título e o subtítulo também davam atenção indevida ao subtítulo; portanto, removi o espaçamento na remodelação.

Por fim, o realce da categoria "Bacharelado ou mais", introduzido na Figura 5.3, foi preservado e ampliado para incluir o nome da categoria, além das legendas de dados. Como já vimos, esse é um modo de vincular componentes visualmente para nosso público, facilitando a interpretação.

A Figura 5.5 mostra o "antes e depois".

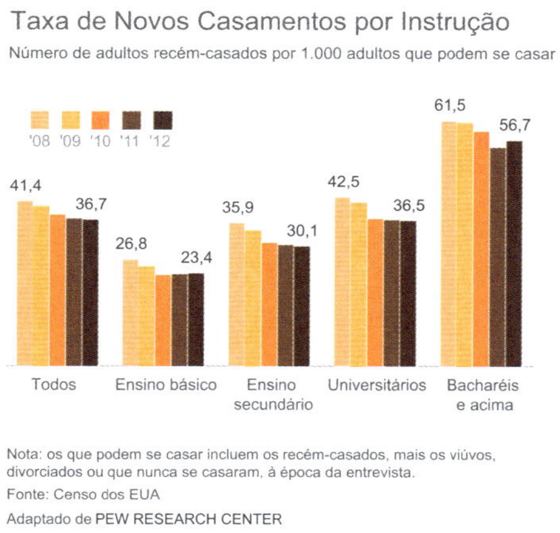

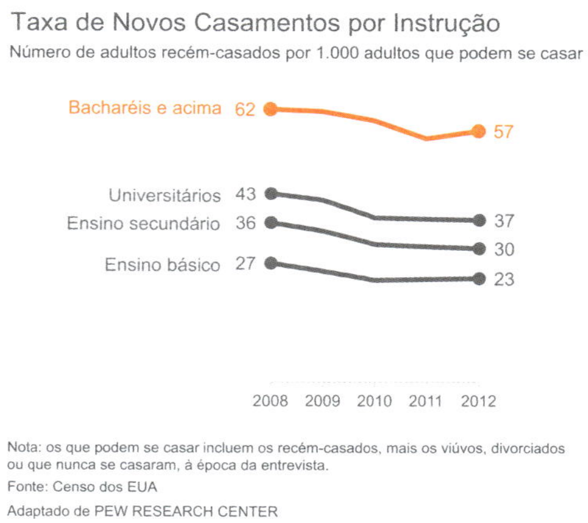

FIGURA 5.5 Antes e depois

Realçando o material importante e eliminando as distrações, melhoramos sensivelmente esse visual.

Criar uma hierarquia visual de informações clara

Como discutimos no Capítulo 4, os mesmos atributos pré-atentivos que usamos para realçar o que é importante podem ser usados para criar uma hierarquia de informações. Podemos colocar visualmente alguns itens em primeiro plano e outros em segundo plano, indicando para nosso público a ordem geral com que deve processar a informação que estamos comunicando.

O poder das supercategorias

Em tabelas e gráficos, às vezes é útil usar o poder das supercategorias para organizar os dados e ajudar a fornecer a seu público uma construção para interpretá-los. Por exemplo, se você está examinando uma tabela ou gráfico que mostra um valor para 20 diferentes decomposições demográficas, pode ser útil organizá-las e legendá-las claramente em grupos ou supercategorias, como idade, raça, renda e instrução. Essas supercategorias fornecem uma organização hierárquica que simplifica o processo de assimilação da informação.

Vamos ver um exemplo onde foi estabelecida uma clara hierarquia visual e discutir as escolhas de design feitas para criá-la. Imagine que você é fabricante de carros. Duas dimensões importantes pelas quais você julga o sucesso de uma marca e modelo em particular são (1) satisfação do cliente e (2) frequência de problemas no carro. Um gráfico de dispersão poderia ser útil para visualizar como os modelos deste ano se comparam com a média do ano passado, de acordo com essas duas dimensões, como mostrado na Figura 5.6.

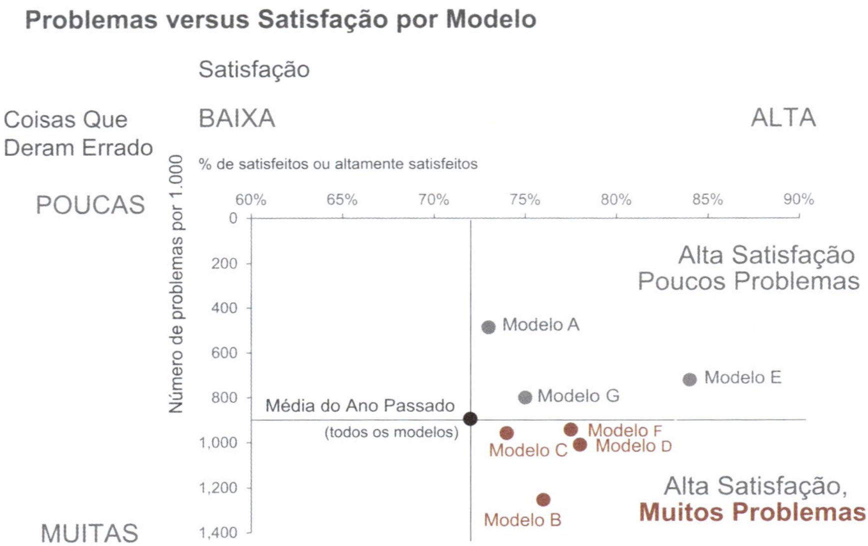

FIGURA 5.6 Hierarquia visual de informações clara

A Figura 5.6 nos permite ver rapidamente como os vários modelos deste ano se comparam com a média do ano passado, com base na satisfação e nos problemas. O tamanho e a cor da fonte e dos pontos de dados nos alertam onde prestar atenção e em que ordem geral. Vamos considerar a hierarquia visual de componentes e como ela nos ajuda a processar as informações apresentadas. Se eu anunciar a ordem na qual assimilo as informações, será da seguinte forma:

> Primeiro, leio o título do gráfico: "Problemas versus Satisfação por Modelo". O negrito de Problemas e Satisfação sinaliza que essas palavras são importantes, de modo que tenho esse contexto em mente ao processar o restante do visual.
>
> Em seguida, vejo a legenda principal do eixo *y*: "Coisas Que Deram Errado". Observo que elas vão de uma escala de poucas (em cima) até muitas (embaixo). Depois disso, noto os detalhes no eixo *x* horizontal: Satisfação, variando de baixa (à esquerda) até alta (à direita).

> Então, sou atraída pelo ponto cinza escuro e pelas palavras "Média do Ano Passado" correspondentes. As linhas traçadas desse ponto até os eixos me permitem ver rapidamente que a média do ano passado foi em torno de 900 problemas por 1.000 e 72% de satisfeitos ou altamente satisfeitos. Isso fornece uma construção útil para interpretar os modelos deste ano.
>
> Por fim, sou atraída por todo o vermelho no quadrante inferior direito. As palavras me informam que a satisfação é alta, mas que existem muitos problemas. Graças ao modo como o visual foi construído, está claro que são casos nos quais o nível de problemas é maior que a média do ano passado. A cor vermelho reforça que isso é um problema.

Já discutimos as supercategorias para facilitar a interpretação. Aqui, as legendas de quadrante "Alta Satisfação, Poucos Problemas" e "Alta Satisfação, Muitos Problemas" funciona dessa maneira. Na ausência dela, eu poderia perder tempo processando os títulos e legendas de eixo e, finalmente, descobrir o que esses quadrantes representam, mas o processo é muito mais fácil quando os títulos incisivos estão presentes, eliminando completamente a necessidade desse processamento. Note que os quadrantes da esquerda não estão legendados; as legendas são desnecessárias porque nenhum valor cai ali.

Os pontos de dados e detalhes adicionais estão lá para contextualizar, mas foram colocados em segundo plano para reduzir o peso cognitivo e simplificar o visual.

Ao compartilhar esse visual com meu marido, sua reação foi "não foi nessa ordem que prestei atenção — fui direto para o vermelho". Isso me fez pensar. Primeiro, me surpreendi por ele te começado ali, pois é daltônico. Mas ele disse que o vermelho era diferente o suficiente de tudo mais no visual para ter chamado sua atenção. Segundo, já examinei tantos gráficos que está arraigado em mim começar com os detalhes: os títulos e as legendas de eixo, para entender o que estou olhando antes de chegar aos dados. Outras pessoas podem olhar mais rapidamente para o "e daí". Se encararmos desse jeito, seremos atraídos primeiro para o quadrante inferior direito, pois o vermelho sinaliza importância e que se deve prestar atenção. Depois, talvez voltemos e leiamos alguns dos outros detalhes do gráfico.

Qualquer que seja o caso, a clara e cuidadosa hierarquia visual estabelece ordem para o público a fim de processar a informação em um visual complexo, sem achá-lo complicado. Para nosso público, por realçarmos o que é importante, eliminarmos as distrações e estabelecermos uma hierarquia visual, as visualizações de dados que criamos permitem o entendimento.

Acessibilidade

O conceito de acessibilidade diz que os designs devem ser úteis para pessoas com diversas habilidades. Originalmente, essa consideração valia para pessoas deficientes, mas com o passar do tempo se tornou mais genérica, e é dessa maneira que vou discuti-la aqui. Aplicada à visualização de dados, eu a considero como um design útil para pessoas com habilidades técnicas amplamente variadas. Você pode ser engenheiro, mas não é necessário ter feito engenharia para entender seu gráfico. Como designer, o ônus de tornar seu gráfico acessível é *seu*.

Design ruim: de quem é a culpa?

Uma visualização de dados bem projetada — como um objeto bem projetado — é fácil de interpretar e entender. Quando as pessoas têm dificuldade para entender algo, como interpretar um gráfico, elas tendem a se culpar. Na maioria dos casos, contudo, essa falta de entendimento não é culpa do usuário, e sim uma falha no design. Um bom design requer planejamento e reflexão. Acima de tudo, um bom design leva em conta as necessidades do usuário. Esse é outro lembrete para ter seu usuário — seu público — em mente ao projetar suas comunicações com dados.

Como exemplo de acessibilidade no design, vamos considerar o icônico mapa do metrô de Londres. Harry Beck produziu um design maravilhosamente simples em 1933, reconhecendo que a geografia acima do solo não é importante ao percorrer as linhas e eliminar as restrições que ela impunha.

Comparado com os mapas de metro anteriores, o design acessível de Beck produziu uma apresentação fácil de seguir que se tornou um guia essencial de Londres e um modelo para mapas de transporte em todo o mundo. É esse mesmo mapa, com pequenas modificações, que ainda serve Londres hoje.

Vamos discutir duas estratégias relacionadas à acessibilidade na comunicação com dados: (1) não complique demais e (2) o texto é seu amigo.

Não complique demais

"Se é difícil ler, é difícil fazer". Esse foi o veredito da pesquisa feita por Song e Schwarz na Universidade de Michigan, em 2008. Primeiro, eles apresentaram a dois grupos de alunos instruções para um regime de exercícios. Metade dos alunos recebeu as instruções escritas em fonte Arial, fácil de ler; a outra metade as recebeu em uma fonte cursiva chamada Brushstroke. Foi perguntado aos alunos quanto tempo a rotina de exercícios levaria e qual a probabilidade de eles a executarem. O veredito: quanto mais complicada a fonte, mais difícil os alunos achavam a rotina *e* menos provavelmente eles a executariam. Um segundo estudo, usando uma receita de sushi, teve resultados semelhantes.

Tradução para a visualização de dados: quando mais complicada ela parece, mais tempo o público acha que vai demorar para entender e *menor a probabilidade de quererem entendê-la.*

Como já discutimos, os affordances visuais podem ajudar nessa área. A seguir, trago mais algumas dicas para evitar que seus visuais e suas comunicações pareçam demasiadamente complicados:

- **Torne legível:** use uma fonte regular, fácil de ler (considere o tipo e o tamanho).
- **Mantenha limpo:** torne sua visualização de dados acessível, usando *affordances* visuais.
- **Use linguagem simples:** escolha linguagem simples, não complexa; menos palavras, não mais; defina toda linguagem especializada que seu público não conheça; e esclareça os acrônimos (no mínimo, na primeira vez que os utilizar ou em uma nota de rodapé).

- **Elimine a complexidade desnecessária:** ao fazer uma escolha entre simples e complicado, privilegie o simples.

Não se trata de simplificar demais, mas de não tornar as coisas mais complicadas do que precisam ser. Uma vez, presenciei uma apresentação de um conceituado PhD. O cara era obviamente inteligente. Quando ele pronunciou sua primeira palavra de cinco sílabas, fiquei impressionada com seu vocabulário. Mas à medida que essa linguagem acadêmica continuava, comecei a perder a paciência. Suas explicações eram desnecessariamente complicadas. Suas palavras eram desnecessariamente longas. Era preciso muita energia para prestar atenção. Achei difícil ouvir o que ele estava dizendo à medida que minha irritação crescia.

Além de irritar nosso público, tentando parecer inteligente, corremos o risco de fazê-lo parecer burro. Em ambos os casos, não é uma boa experiência de usuário para nosso público. Evite isso. Se você achar difícil determinar se está complicando demais as coisas, procure a ajuda ou opinião de um amigo ou colega.

O texto é seu amigo

O uso cuidadoso de texto ajuda a garantir que sua visualização de dados seja acessível. O texto tem várias funções na comunicação com dados: utilize-o para legendar, apresentar, explicar, reforçar, destacar, recomendar e contar uma história.

Alguns tipos de texto definitivamente devem estar presentes. Presuma que todo gráfico precisa de um título e todo eixo também precisa (exceções a essa regra serão *extremamente* raras). A ausência desses títulos — não importa o quanto você ache claro, a partir do contexto — faz seu público parar e perguntar o que está vendo. Em vez disso, legende explicitamente a fim de que ele possa usar o poder do cérebro para entender a informação, em vez de gastá-lo tentando descobrir como vai ler o visual.

Não presuma que duas pessoas olhando a mesma visualização de dados chegarão à mesma conclusão. Se há uma conclusão que você quer que seu público chegue, expresse-a com palavras. Use os atributos pré-atentivos para destacar as palavras importantes.

Títulos de ação em slides

A barra de título na parte superior de seu slide do PowerPoint é um local precioso: use-a sabiamente! Esse é o primeiro item que seu público encontra na página ou tela e, apesar disso, frequentemente é usado para títulos descritivos redundantes (por exemplo, "Orçamento de 2015"). Em vez disso, use esse espaço para título de ação. Se você tem uma recomendação ou algo que deseja que seu público saiba ou faça, coloque ali (por exemplo, "A despesa estimada de 2015 está acima do orçamento"). Isso significa que o público não vai ignorar e também funciona para estabelecer expectativas para o que vem a seguir no restante da página ou tela.

Quando se trata de palavras em visualização de dados, às vezes pode ser útil anotar pontos importantes ou interessantes diretamente em um gráfico. A anotação pode ser usada para explicar nuances nos dados, destacar algo a se prestar atenção ou descrever fatores externos relevantes. Um de meus exemplos favoritos de anotação em visualização de dados aparece na Figura 5.7, por David McCandless, "Épocas de Pico de Términos de Acordo com as Atualizações de Status no Facebook".

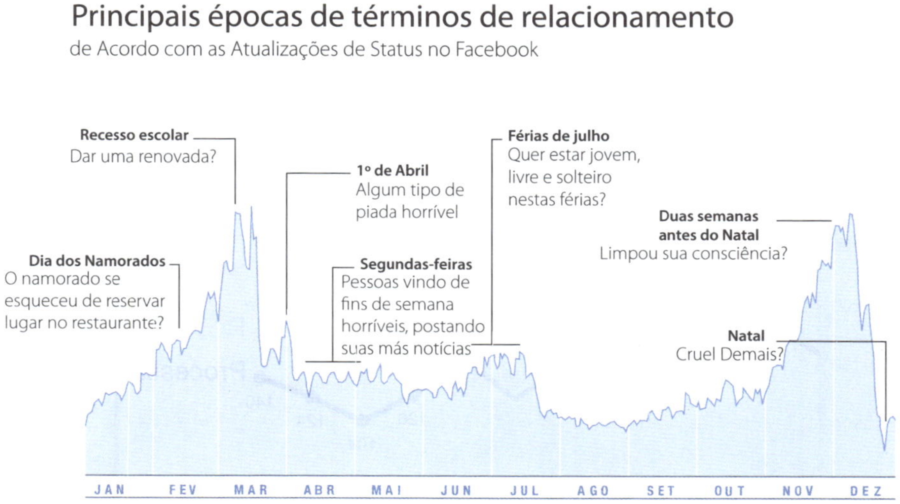

FIGURA 5.7 Palavras usadas sabiamente

À medida que seguimos as anotações da esquerda para a direita na Figura 5.7, vemos um pequeno aumento no Dia dos Namorados, então grandes picos nas semanas de Recesso Escolar (com subtítulo esperto "Dar uma renovada?"). Há um pico no Dia 1° de Abril. A tendência de términos nas segundas-feiras é destacada. Um aumento e queda suaves são observadas nas férias de julho (verão no hemisfério norte). Então, vemos um forte aumento perto das festas de fim de ano, mas um acentuado declínio no Natal, pois, claramente, terminar com alguém seria "Cruel Demais."

Note como algumas palavras e frases escolhidas tornam esses dados acessíveis muito mais rapidamente.

Como nota adicional, na Figura 5.7, a orientação que apresentei antes sobre sempre colocar títulos nos eixos não foi seguida. Neste caso, foi proposital. Mais interessante que a métrica específica que está sendo representada são os picos e vales relativos. Não legendando o eixo vertical (com título ou legendas), você simplesmente não pode ser apanhado em um debate sobre isso (O que está sendo representado? Como está sendo calculado? Eu concordo com isso?). Essa foi uma escolha de design consciente e não seria apropriada na maioria das situações; porém, como vemos neste caso, pode — em raras ocasiões — funcionar bem.

No contexto da acessibilidade via texto, vamos rever o exemplo dos tíquetes examinado nos Capítulos 3 e 4. A Figura 5.8 mostra onde estávamos depois de eliminarmos as legendas e chamarmos a atenção para onde queríamos que nosso público se concentrasse, via marcadores de dados e legendas.

FIGURA 5.8 Vamos rever o exemplo dos tíquetes

A Figura 5.8 é bonita, mas não significa muito sem as palavras para nos ajudar a entendê-la. A Figura 5.9 resolve esse problema, acrescentando o texto necessário.

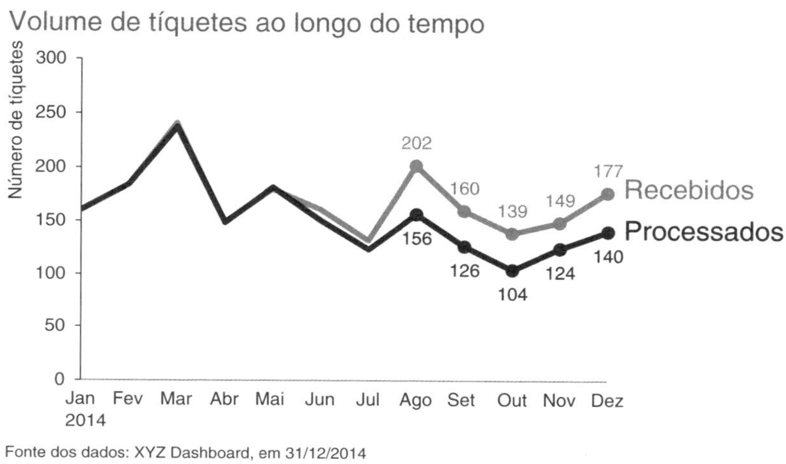

FIGURA 5.9 Use palavras para tornar o gráfico acessível

Na Figura 5.9, acrescentamos as palavras necessárias: título do gráfico, títulos de eixo e uma nota de rodapé com a fonte dos dados. Na Figura 5.10, levamos isso um passo adiante, adicionando uma chamada para ação e uma anotação.

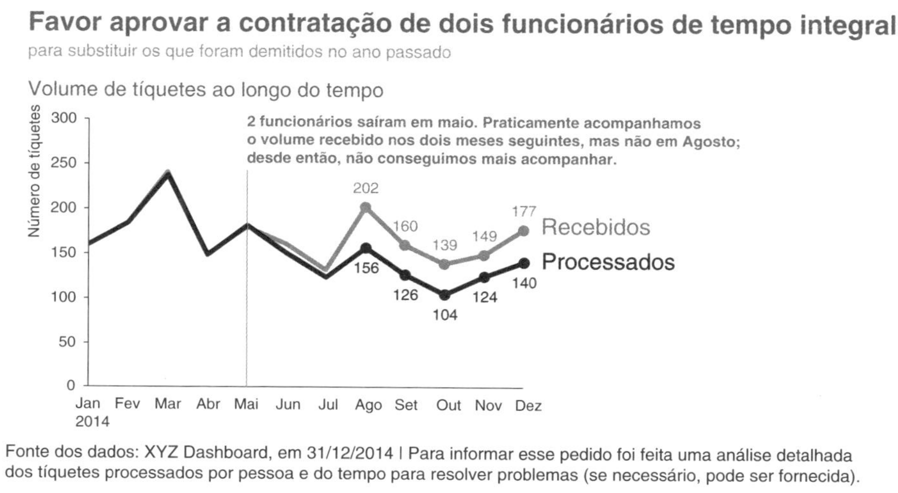

FIGURA 5.10 Adição de título de ação e anotação

Na Figura 5.10, o uso pensado de texto torna o design acessível. Está claro para o público o que ele está vendo e no que deve prestar atenção e por quê.

Estética

Na comunicação com dados, é realmente necessário "fazer ficar bonito?" A resposta é um retumbante *Sim*. As pessoas percebem os designs estéticos como mais fáceis de usar do que os menos estéticos — sejam mais fáceis ou não. Estudos têm mostrado que os designs mais estéticos não são apenas percebidos como mais fáceis de usar, mas também são mais prontamente aceitos e utilizados com o passar do tempo, promovem o pensamento criativo e a solução de problemas, e estimulam relações positivas, tornando as pessoas mais tolerantes a problemas nos designs.

Um ótimo exemplo da tolerância a problemas que a boa estética pode estimular é um antigo design da embalagem do sabão detergente Method, ilustrado na Figura 5.11. A forma antropomórfica transformou o sabão em uma peça de arte — algo a ser mostrado, não para ficar oculto no armário. O design dessa embalagem era extremamente eficaz, *apesar* dos problemas de vazamento. As pessoas estavam dispostas a ignorar a inconveniência do vazamento graças à estética atraente.

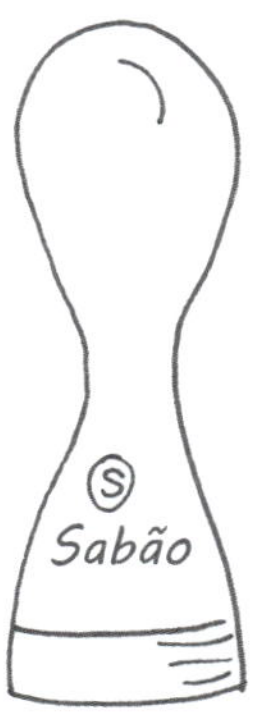

FIGURA 5.11 Sabão detergente líquido Method

Na visualização de dados — e na comunicação com dados em geral —, perder tempo para tornar nossos designs esteticamente agradáveis pode significar que nosso público tenha mais paciência com nossos visuais, aumentando nossa chance de sucesso ao explicar nossa mensagem.

Se não estiver confiante em sua capacidade de criar design estético, procure exemplos de visualizações de dados eficientes a serem seguidos. Quando vir um gráfico que parece bom, considere o que gosta nele. Experimente salvá-lo e construa uma coleção de visuais inspiradores. Imite aspectos de designs eficazes para criar o seu.

Mais especificamente, vamos discutir algumas coisas a considerar no que diz respeito a designs estéticos de visualização de dados. Já abordamos as principais lições relevantes à estética; portanto, vou abordá-las brevemente aqui e depois vamos discutir um exemplo específico para ver como o cuidado com a estética pode melhorar nossa visualização de dados.

1. **Use cor de forma inteligente.** O uso de cor sempre deve ser uma decisão intencional; use cor moderada e estrategicamente para realçar as partes importantes de seu visual.
2. **Preste atenção ao alinhamento.** Organize os elementos na página para criar linhas verticais e horizontais limpas, a fim de estabelecer um senso de unidade e coesão.
3. **Use espaço em branco.** Preserve as margens; não alongue seus elementos gráficos para preencher o espaço nem acrescente coisas apenas porque você tem espaço extra.

O uso cuidadoso de cor, alinhamento e espaço em branco é um componente do design que, quando bem feito, você nem mesmo percebe. Mas você percebe quando não é bem feito: muitas tonalidades de cores e falta de alinhamento e espaço em branco produzem um visual simplesmente desconfortável para olhar. Ele parece desorganizado e sem nenhuma atenção dada aos detalhes. Isso mostra falta de respeito com seus dados e seu público.

Vamos a um exemplo: veja a Figura 5.12. Imagine que você trabalha em um importante varejista nos EUA. O gráfico representa a decomposição da População dos EUA e Nossos Clientes por sete segmentos (por exemplo, faixas etárias).

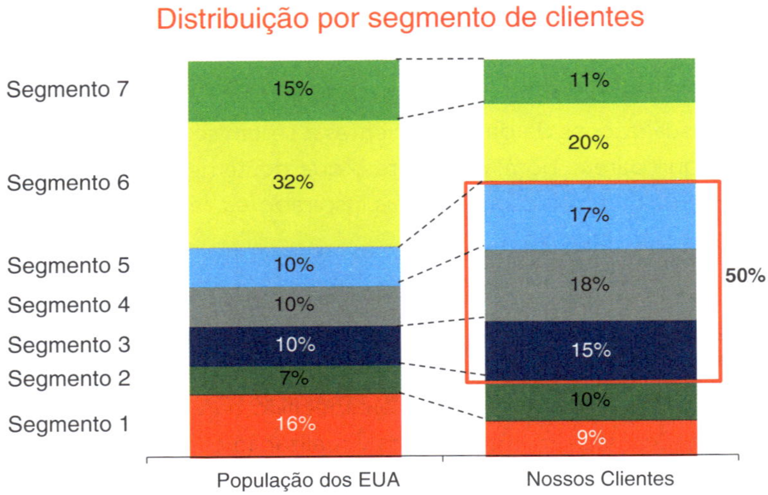

FIGURA 5.12 Design sem estética

Podemos usar as lições estudadas para fazer escolhas de design inteligentes. Especificamente, vamos discutir como podemos melhorar a Figura 5.12 em relação ao uso de cor, alinhamento e espaço em branco.

A cor é usada de forma exagerada. Há cores demais e elas disputam nossa atenção, tornando difícil enfocar uma por vez. Voltando à lição sobre ***affordances***, devemos pensar no que queremos destacar para nosso público e *só usar cor lá*. Neste caso, a caixa vermelha em torno dos segmentos 3 a 5, à direita, sinaliza que esses segmentos são importantes; mas há tantas coisas disputando nossa atenção que leva algum tempo para vermos isso. Podemos tornar esse processo mais óbvio e fácil, usando cor estrategicamente.

Os elementos não estão corretamente alinhados. A centralização do título do gráfico faz com que ele não esteja alinhado com mais nada no visual. Os títulos de segmento à esquerda não estão alinhados para criar uma linha limpa, nem à esquerda, nem à direita. Isso parece desleixado.

Por fim, o espaço em branco é mal usado. Há muito espaço entre os títulos de segmento e os dados, o que dificulta levar os olhos do título para os dados (tenho vontade de usar meu dedo indicador para traçar o caminho:

podemos reduzir o espaço em branco entre os títulos e os dados para que isso seja desnecessário). O espaço em branco entre as colunas de dados é estreito demais para enfatizar os dados da melhor forma e está cheio de linhas pontilhadas inúteis.

A Figura 5.13 mostra como a mesma informação poderia ficar se resolvêssemos esses problemas de design.

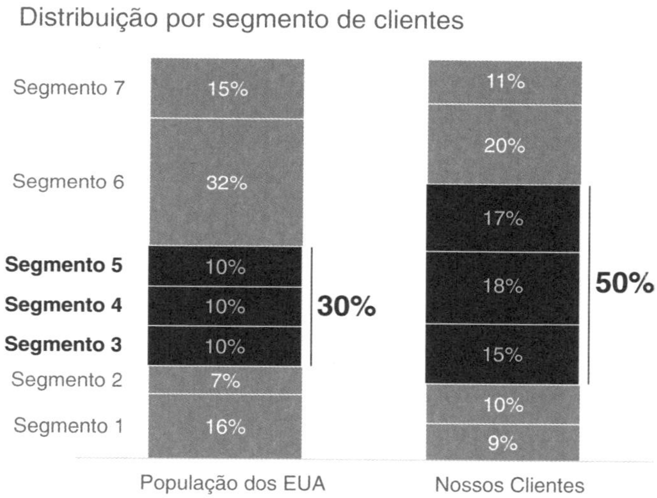

FIGURA 5.13 Design estético

Você não estará mais propenso a passar um pouco mais de tempo na Figura 5.13? Claramente, foi dada atenção aos detalhes no design: o designer levou um tempo para obter esse resultado. Isso cria um tipo de ônus por parte do público, de gastar tempo para entendê-lo (esse tipo de contrato não existe em um design ruim). Ser inteligente nas cores, alinhar os objetos e aproveitar o espaço em branco traz um senso de organização visual ao seu design. Essa atenção à estética mostra um respeito geral por seu trabalho e seu público.

Aceitação

Para que um design seja eficiente, ele deve ser aceito pelo público pretendido. Esse princípio é verdade, seja o design em questão o de um objeto físico ou de uma visualização de dados. Mas o que você deve fazer quando seu público não está aceitando seu design?

Em meus workshops, os membros do público regularmente levantam este dilema: "*Quero melhorar o modo como vemos as coisas, mas quando tentei fazer alterações, meus esforços encontraram resistência. As pessoas estão acostumadas a ver as coisas de certa maneira e não querem que mexamos nisso.*".

É um fato da natureza humana a maioria das pessoas sentir certo grau de desconforto com a mudança. Lidwell et al., em *Universal Principles of Design*, sem tradução no Brasil, (2010), descrevem essa tendência, dos públicos em geral, de resistir ao novo por causa de sua familiaridade com o antigo. Por isso, fazer alterações significativas "no modo como sempre fazemos" pode exigir mais trabalho para ganhar a aceitação do que simplesmente substituir o antigo pelo novo.

Existem algumas estratégias que você pode usar para ganhar aceitação no design de sua visualização de dados:

- **Anuncie as vantagens do jeito novo ou diferente.** Às vezes, simplesmente ser transparente com as pessoas sobre o *porquê* as coisas serão diferentes pode ajudá-las a se sentirem mais à vontade. Existem observações novas ou melhoradas que você pode fazer vendo os dados de um modo diferente? Ou outras vantagens que você pode anunciar para ajudar a convencer seu público a ser aberto à mudança?
- **Mostre lado a lado.** Se o novo jeito é claramente superior ao antigo, mostrá-los lado a lado vai demonstrar isso. Junte a isso o jeito anterior, mostrando o antes e o depois e explicando porque você quer mudar o modo como vê as coisas.
- **Ofereça várias opções e busque opiniões.** Em vez de impor o design, pense em criar várias opções e obter opiniões de colegas ou de seu

público (se apropriado) para determinar qual design atenderá melhor as necessidades.

- **Obtenha a adesão de um membro com voz ativa de seu público.** Identifique membros influentes de seu público e fale com eles um a um, tentando ganhar aceitação para seu design. Peça suas opiniões e as incorpore. Se você conseguir a adesão de um ou dois membros com voz ativa, outros poderão acompanhar.

Algo a considerar, se você encontrar resistência, é se a raiz do problema é que seu público é lento em relação à mudança *ou* se há problemas no design que está propondo. Teste isso, obtendo a opinião de alguém que não tenha interesse pessoal. Mostre sua visualização de dados. Se apropriado, mostre também os visuais anteriores ou atuais. Peça para que, por meio de seu processo mental, diga como analisa a apresentação. Do que gosta? Quais perguntas tem? Qual visual prefere e por quê? Ouvir essas coisas de terceiros imparciais pode ajudá-lo a descobrir problemas em seu design que estão levando ao desafio de aceitação que você enfrenta com seu público. A conversa também pode ajudá-lo a articular pontos de discurso que o ajudarão a obter a aceitação que você procura junto ao seu público.

Encerramento

Entendendo e empregando alguns conceitos de design tradicionais, nos preparamos para o sucesso na comunicação com dados. Ofereça ao seu público ***affordances*** visuais, como pistas de como interagir com sua comunicação: destaque o material importante, elimine as distrações e crie uma hierarquia visual de informações. Torne seus designs acessíveis, não complicando demais e usando texto para legendar e explicar. Aumente a tolerância de seu público em relação aos problemas do design, tornando-os esteticamente atraentes. Empregue as estratégias discutidas para ganhar a aceitação do público para seus designs visuais.

Parabéns! Agora você sabe a 5ª lição do storytelling com dados: como **pensar como um designer**.

capítulo seis

dissecagem de modelos visuais

Até aqui, abordamos várias lições que você pode empregar para melhorar sua capacidade de se comunicar com dados. Agora que você entende os fundamentos do que compõe um visual eficaz, vamos considerar mais alguns exemplos da "boa" visualização de dados. Antes de estudarmos nossa última lição, neste capítulo vamos ver vários modelos visuais e discutir o processo mental e as escolhas de design que levaram à sua criação, utilizando as lições já estudadas.

Em vários exemplos, você notará algumas considerações semelhantes. Ao criar cada exemplo, pensei em como queria que o público processasse a informação e fiz escolhas correspondentes a respeito do que enfatizar e chamar sua atenção, assim como do que desenfatizar. Por isso, você verá pontos comuns destacados em razão de cor e tamanho. A escolha do modelo de apresentação, a ordem relativa dos dados, o posicionamento de elementos e o uso de palavras também são discutidos em vários casos.

Essa repetição é útil para reforçar os conceitos nos quais estou pensando e as escolhas de design resultantes nos vários exemplos.

Cada visual destacado foi criado para atender a necessidade de uma situação específica. Vou discutir os cenários relevantes brevemente, mas não se preocupe muito com os detalhes. Em vez disso, examine e pense sobre cada modelo visual. Considere quais desafios de visualização de dados você encontra, onde a estratégia dada (ou aspectos dela) poderia ser aproveitada.

Modelo visual 1: gráfico de linhas

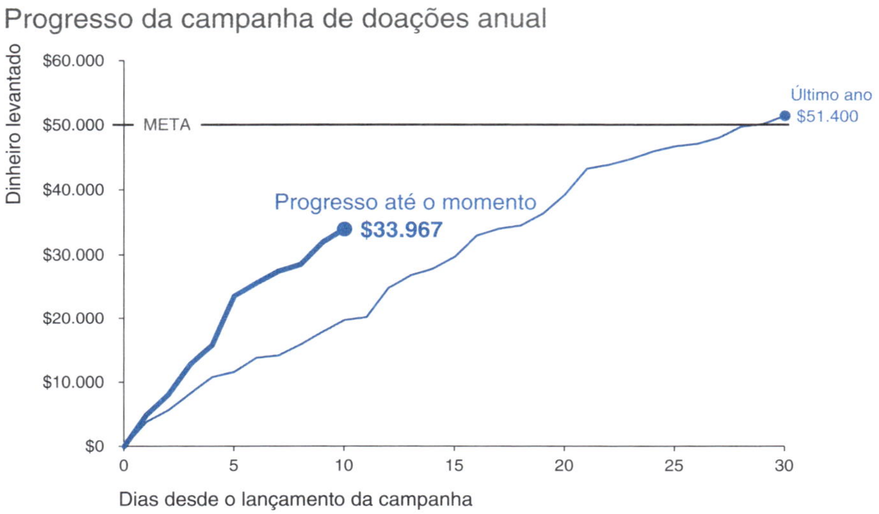

FIGURA 6.1 Gráfico de linhas

A empresa X faz uma "campanha de doações" anual, com duração de um mês, para levantar dinheiro para causas beneficentes. A Figura 6.1 mostra o progresso deste ano até o momento. Vamos considerar o que torna esse exemplo bom e as escolhas deliberadas feitas em sua criação.

As palavras são usadas adequadamente. Tudo está intitulado e legendado, de modo que não há dúvida sobre o que estamos vendo. Estão presentes os títulos do gráfico, do eixo vertical e do horizontal. As várias linhas do gráfico são legendadas diretamente, de modo que não há trabalho de ir e vir entre uma legenda e os dados para decifrar o que está representado. O bom uso do texto torna esse visual acessível.

Aplicando o teste do "para onde seus olhos são atraídos?", descrito no Capítulo 4, percorro o título do gráfico brevemente e, então, sou atraída para a tendência "Progresso até o momento" (onde queremos que o público se concentre). Quase sempre uso cinza escuro para título de gráfico. Isso garante que ele se destaque, mas sem o forte contraste obtido com preto puro sobre branco (em vez disso, deixo o uso de preto para cor de destaque, quando não estou usando outras cores). Vários atributos pré-atentivos são empregados para chamar a atenção para a tendência "Progresso até o momento": cor, espessura da linha, presença de marcador e legenda de dados no ponto final e o tamanho do texto correspondente.

No que diz respeito ao contexto mais amplo, são incluídos dois pontos para comparação, mas cuja ênfase foi retirada para que o gráfico não se torne visualmente opressivo. A meta de $50.000 foi desenhada no gráfico para referência, mas colocada em segundo plano pelo uso de uma linha fina; a linha e o texto têm o mesmo cinza do resto dos detalhes do gráfico. As doações do ano passado no decorrer do tempo foram incluídas, mas a ênfase também foi retirada com o uso de uma linha mais fina e um azul mais claro (para vinculá-la visualmente ao progresso deste ano sem competir pela atenção).

Duas decisões deliberadas foram tomadas com relação às legendas de eixo. No eixo *y* vertical, você poderia pensar em arredondar os números para milhares — para que o eixo variasse de $0 a $60 e o título mudasse para "Dinheiro levantado (milhares de dólares)". Se os números estivessem na escala de milhões, eu provavelmente teria feito isso. Contudo, para mim, pensar em números na casa dos milhares não é tão intuitivo; assim, em vez de mexer com a escala aqui, preservei os zeros nas legendas do eixo *y*.

No eixo *x* horizontal, não precisamos legendar cada dia, pois estamos mais interessados na tendência global, não no que aconteceu em um dia específico. Como temos dados até o 10° dia de um mês de 30 dias, optei por legendar cada 5° dia no eixo *x* (dado que é sobre dias que estamos falando, outra possível solução seria legendar cada 7° dia e/ou adicionar as supercategorias semana 1, semana 2 etc.). Esse é um daqueles casos em que não há uma única resposta certa: você deve pensar no contexto, nos dados e em como quer que seu público use o visual, e tomar uma decisão deliberada levando isso em consideração.

Modelo visual 2: gráfico de linhas anotado com previsão

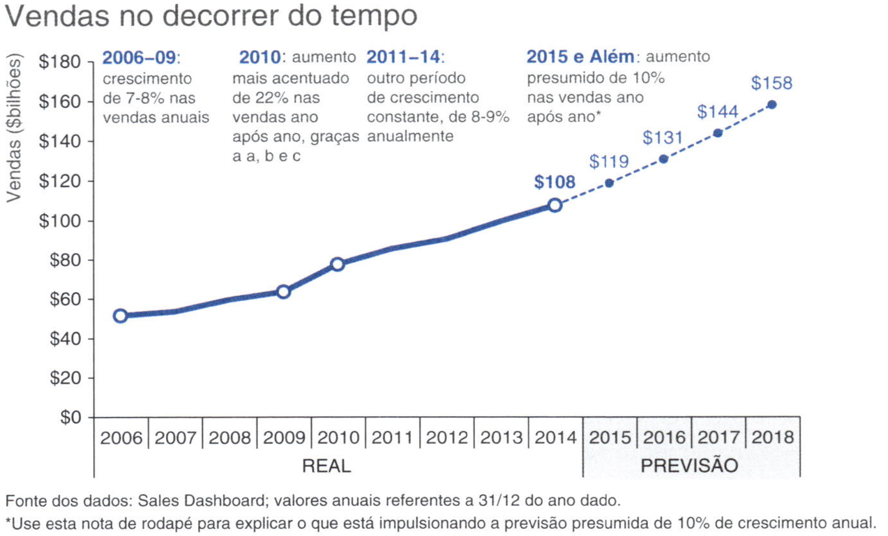

FIGURA 6.2 Gráfico de linhas anotado com previsão

A Figura 6.2 mostra um gráfico de linhas anotado de vendas anuais reais e previstas.

Muitas vezes, vejo dados previstos e reais representados juntos como uma só linha, sem nenhum aspecto distintivo para diferenciar os números da previsão do restante. Isso é um erro. Podemos usar dicas visuais para fazer uma distinção entre os dados reais e previstos, facilitando a interpretação da informação. Na Figura 6.2, a linha cheia representa os dados reais e uma linha pontilhada mais fina (que traz certa conotação de menos certeza do que uma linha cheia escura) representa os dados previstos. A clara legendagem de Real e Previsão sob o eixo x ajuda a reforçar isso (escritos em maiúsculas para facilitar o mapeamento), com a parte da previsão visualmente um pouco separada por meio do sombreado claro no fundo.

Nesse visual, tudo foi colocado em segundo plano por meio do uso de fonte e elementos cinzas, *exceto* o título do gráfico, as datas dentro das caixas de texto, os dados (linha), marcadores de dados escolhidos e legendas de dados numéricos de 2014 em diante. Quando observo a hierarquia visual dos elementos, meus olhos vão primeiro para o título do gráfico na parte superior esquerda (devido à posição e ao atributo pré-atentivo do texto cinza escuro mais largo, discutido no exemplo anterior) e depois para as datas azuis nas caixas de texto, ponto em que posso fazer uma pausa e ler para contextualizar um pouco, antes de mover os olhos para baixo, a fim de ver o ponto ou tendência correspondente nos dados. São incluídos marcadores de dados somente para os pontos referenciados na anotação, tornando rápido o processo de ver qual parte dos dados é relevante para qual anotação. (Originalmente, os marcadores de dados eram azuis uniformes, mas mudei para brancos com contorno azul, o que os fez se destacarem um pouco mais, como eu queria; os marcadores de dados da previsão são menores e em azul uniforme, porque ali, branco com contorno azul ficaria saturado demais contra as linhas pontilhadas.)

A legenda numérica $108 aparece em negrito. Isso está enfatizado intencionalmente, pois é o último ponto de dados reais e a âncora para a previsão. Os pontos de dados históricos não são legendados. Em vez disso, o eixo *y* é preservado para dar uma ideia geral da magnitude, pois queremos que o público enfoque tendências relativas, não valores precisos. As legendas de dados numéricos *são* incluídas nos pontos de dados da previsão para dar ao público um claro entendimento das expectativas futuras.

Todo texto no visual tem o mesmo tamanho, exceto onde foram tomadas decisões intencionais para alterá-lo. O título do gráfico é maior. A ênfase da nota de rodapé foi tirada com uma fonte menor e um posicionamento de baixa prioridade na parte inferior do visual, a fim de que esteja lá para ajudar na interpretação, se necessário, mas não chama a atenção.

Modelo visual 3: Barras empilhadas a 100%

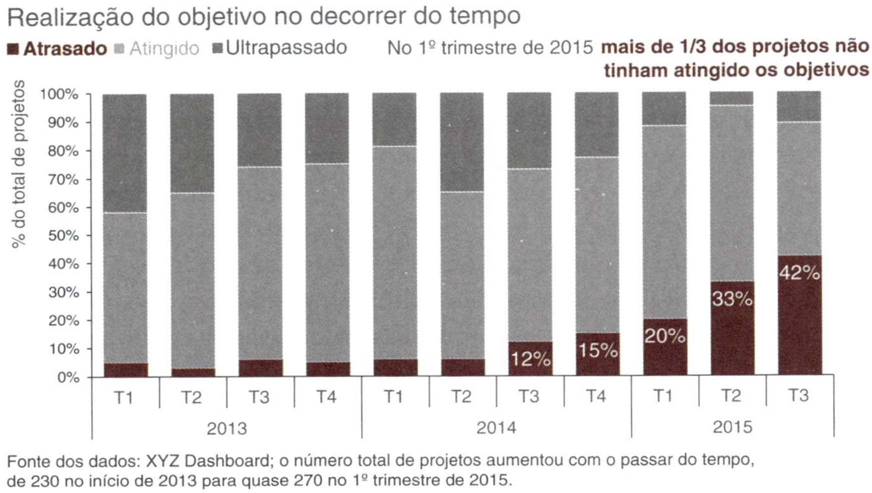

FIGURA 6.3 Gráfico de barras empilhadas a 100%

O gráfico de barras empilhadas da Figura 6.3 é um exemplo visual do mundo da consultoria. Cada projeto de consultoria tem objetivos específicos associados. O progresso em relação a esses objetivos é avaliado trimestralmente e designado como "Não Alcançado", "Alcançado" ou "Superado". O gráfico de barras empilhadas mostra a porcentagem de projetos totais em cada uma dessas categorias no decorrer do tempo. Como nos exemplos anteriores, não se preocupe muito com os detalhes aqui; em vez disso, reflita sobre o que pode ser aprendido a partir das considerações sobre o design que levaram à criação dessa visualização de dados.

Vamos considerar primeiro o alinhamento dos objetos dentro desse visual. O título do gráfico, a legenda e o título do eixo *y* vertical estão todos alinhados na posição superior esquerda. Isso significa que nosso público encontra informações sobre como ler o gráfico antes de chegar aos dados. No lado esquerdo, o título do gráfico, a legenda, o título do eixo *y* e a nota de rodapé estão todos alinhados, criando uma linha limpa no lado esquerdo do visual. No lado direito, o texto na parte superior está justificado à direita e alinhado com a última barra de dados que contém os pontos de dados descritos (usando o princípio da proximidade da Gestalt). Essa mesma caixa de texto está alinhada verticalmente com a legenda do gráfico.

Com relação a focalizar a atenção do público, a cor vermelho é usada como a única a chamar a atenção (para mim, o vermelho primário tende a ser forte demais; portanto, frequentemente opto por um tom vermelho queimado, como fiz aqui. Tome cuidado com tons muito fortes, prefira tons mais fechados como azul marinho ou vermelho queimado). Todo o resto é cinza. Foram usadas legendas de dados numéricos — uma dica visual adicional sinalizando importância, dado o nítido contraste de branco sobre vermelho e texto grande — nos pontos em que queremos que o público se concentre: a crescente porcentagem de projetos que não estão atingindo os objetivos. O restante dos dados foi preservado para contextualizar, mas colocados em segundo plano para que não concorram pela atenção. Tons de cinza um pouco diferentes foram usados para que ainda se possa focalizar uma ou outra série de dados por vez, mas não desvie a atenção da clara ênfase na série vermelha.

As categorias seguem uma escala de "Não Alcançado" a "Superado" e essa ordem é aproveitada de baixo para cima dentro das barras empilhadas. A categoria "Não Alcançado" está mais próxima ao eixo *x*, facilitando a visualização da mudança no decorrer do tempo por causa do alinhamento das barras no mesmo ponto de partida (o eixo *x*). A mudança no decorrer do tempo da categoria "Superado" também é fácil de ver, graças ao alinhamento uniforme ao longo da parte superior do gráfico. É mais difícil ver a mudança no decorrer do tempo na porcentagem dos projetos que atingiram seus objetivos, pois não há nenhuma linha de base uniforme na parte superior ou inferior do gráfico; mas, como essa é uma comparação de baixa prioridade, não há problema.

Palavras tornam o visual acessível. O gráfico tem um título, o eixo *y* tem um título e o eixo *x* utiliza supercategorias (anos) para reduzir a legendagem redundante e facilitar o mapeamento dos dados. As palavras na parte superior direita reforçam no que devemos prestar atenção (vamos falar muito mais sobre palavras no contexto do storytelling, no Capítulo 7). A nota de rodapé contém um aviso sobre o número total de projetos no decorrer do tempo, um contexto útil que não temos diretamente no visual, devido ao uso de barras empilhadas a 100%.

Modelo visual 4: uso de barras empilhadas positivas e negativas

População de diretores esperada no decorrer do tempo

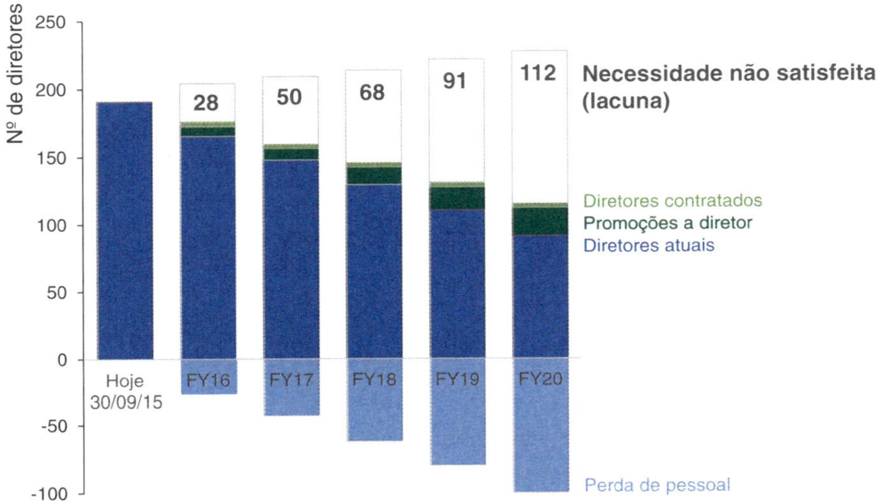

Uma nota de rodapé explicando suposições de previsão relevantes e metodologia ficaria aqui.

FIGURA 6.4 Uso de barras empilhadas positivas e negativas

A Figura 6.4 mostra um exemplo do espaço analítico de pessoal. Pode ser útil para olhar adiante a fim de conhecer as necessidades esperadas de talento experiente e identificar quaisquer lacunas que possam ser resolvidas proativamente. Neste exemplo, haverá uma necessidade não satisfeita de diretores, dadas as suposições de acréscimos esperados no pool de diretores no decorrer do tempo, por meio de contratações e promoções, e do decréscimo no pool no decorrer do tempo devido à perda de pessoal (diretores que saem da empresa).

Se considerarmos o caminho percorrido por nossos olhos na Figura 6.4, os meus examinam o título, depois vão diretamente para os grandes números pretos em negrito e os seguem para a direita, até o texto que me diz que isso representa "Necessidade não satisfeita (lacuna)". Em seguida, meus olhos se dirigem para baixo, lendo o texto, e veem de relance, à esquerda, os dados que cada um descreve, até chegar à última série, "Perda de pessoal", na parte inferior. Nesse ponto, saltam levemente para frente e para trás, entre as partes "Perda de pessoal" e "Necessidade não satisfeita (lacuna)" das barras, notando que há certo aumento no número total de diretores no decorrer do tempo, ao olhar da esquerda para a direita (provavelmente, porque a empresa global cresce e, como resultado, a necessidade de líderes experientes aumenta), mas que a maior parte da necessidade não satisfeita se dá devido à perda de pessoal no pool de diretores atual.

Foram feitas escolhas intencionais no que diz respeito ao uso de cor nesse visual. Os "Diretores atuais" são mostrados em um azul médio padrão. Os diretores que saem ("Perda de pessoal") são mostrados em uma versão menos saturada da mesma cor, para vinculá-los visualmente. No decorrer do tempo, você vê menos azul acima do eixo e uma proporção crescente abaixo, à medida que cada vez mais diretores saem. A direção negativa da série "Perda de pessoal" reforça que esse volume representa uma diminuição no pool de diretores. Os diretores acrescentados por meio de contratações e promoções são mostrados em um tom de verde (que transmite conotação positiva). A necessidade não satisfeita é retratada apenas por um contorno, para mostrar espaço vazio visualmente, reforçando que isso representa uma lacuna. Cada uma das legendas de texto à direita é escrita no mesmo tom da série de dados que descrevem, exceto "Necessidade não satisfeita (lacuna)", que é escrita com o mesmo texto preto, grande e em negrito das legendas de dados dessa série.

A ordem das várias séries de dados dentro das barras empilhadas é deliberada. "Diretores atuais" é a base e, como tal, é mostrada começando no eixo horizontal. Como já mencionei, a série negativa "Perda de pessoal" fica abaixo dela, em uma direção negativa. Acima de "Diretores atuais" estão os acréscimos: promoções e contratações. Por último, na parte superior (onde nossos olhos chegam antes dos dados subsequentes), encontramos "Necessidade não satisfeita (lacuna)."

O eixo *y* é preservado para que o leitor tenha uma ideia da magnitude total (tanto na direção positiva como na negativa), mas é colocado em segundo plano por meio do texto cinza. Somente os pontos específicos em que devemos prestar atenção — "Necessidade não satisfeita (lacuna)" — são diretamente legendados com valores numéricos.

Todo texto no visual tem o mesmo tamanho, *exceto* onde foram tomadas decisões de enfatizar mais ou tirar a ênfase de componentes. O título do gráfico é maior. O título do eixo "N° de diretores" é um pouco maior para facilitar a leitura do texto girado. O texto e os números de "Necessidade não satisfeita (lacuna)" são maiores e mais escuros do que tudo mais no visual, pois é onde queremos que o leitor preste atenção. A nota de rodapé é escrita em texto menor para que esteja lá quando necessário, mas não chame a atenção. Tornando-a cinza e colocando em uma posição de baixa prioridade, na parte inferior do visual, retiramos ainda mais a ênfase da nota de rodapé.

Modelo visual 5: barras empilhadas horizontais

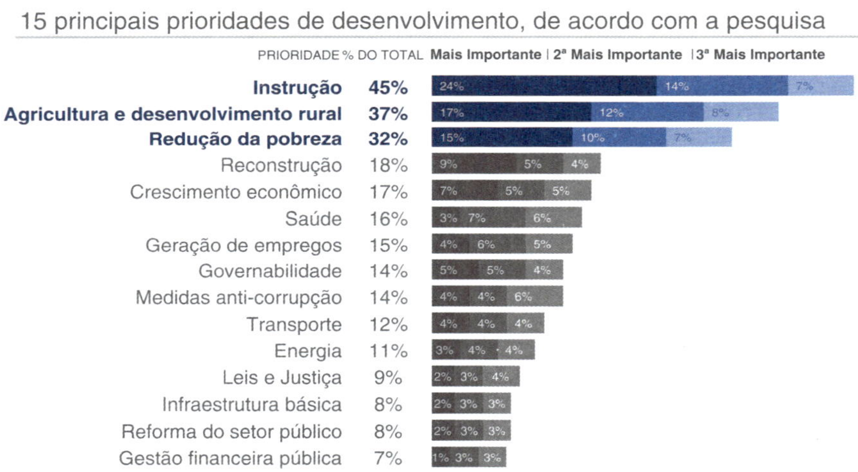

N = 4.392. Baseado na resposta ao item, Ao considerar prioridades de desenvolvimento, qual é a mais importante? Qual é a segunda mais importante? Qual é a terceira mais importante? Os entrevistados escolheram em uma lista. São mostradas as 15 principais.

FIGURA 6.5 Barras empilhadas horizontais

A Figura 6.5 mostra os resultados de uma pesquisa sobre prioridades relativas em um país em desenvolvimento. São muitas informações, mas graças à ênfase e à retirada de ênfases estratégicas de componentes, ela não se torna visualmente opressiva.

Barras empilhadas fazem sentido aqui, dada a natureza do que está sendo representado: prioridade principal (na primeira posição, com tom mais escuro), 2ª prioridade (na segunda posição e em um tom um pouco mais claro) e 3ª prioridade (na terceira posição e em um tom ainda mais claro). Orientar o gráfico horizontalmente significa que os nomes de categoria ao longo da esquerda são fáceis de ler em texto horizontal.

As categorias são organizadas verticalmente em ordem decrescente de "% do Total", dando ao público uma construção clara para usar ao interpretar os dados. As categorias maiores estão em cima, de modo que as vemos primeiro. As três principais prioridades são especificamente enfatizadas com o uso de cor (a narrativa que acompanhava a versão original deste visual as enfocava). Essa cor é aproveitada para o nome da categoria, % do total e barras empilhadas de dados. Essa cor uniforme vincula os componentes visualmente.

Um ponto decisivo ao representar dados em gráfico é se o eixo será preservado, se os pontos de dados (ou alguns deles) serão legendados diretamente ou ambos. Neste caso, as legendas de dados numéricos dentro das barras foram preservados, mas a ênfase foi retirada com texto menor (orientado para a esquerda, o que cria uma linha limpa quando você percorre as legendas de dados do "Mais importante", fazendo-a parecer um pouco menos saturada do que texto orientado para a direita ou centralizado, que variaria na posição em cada uma das barras). A ênfase das legendas de dados foi retirada ainda mais por meio da cor em que foram escritos: em tons de azul claro ou cinza que não criam contraste tão nítido quanto legendas brancas sobre uma barra colorida. O eixo *x* foi eliminado. Aqui, assumimos implicitamente que os valores específicos são importantes o bastante para legendar. Outro cenário pode exigir uma estratégia diferente.

Conforme observado em vários exemplos anteriores, palavras são bem usadas neste visual. Tudo está intitulado e legendado. Os títulos "Prioridade" e "% do Total" são escritos em maiúsculas para fácil mapeamento. A legenda para interpretação das barras aparece imediatamente acima da primeira barra de dados, com as palavras-chave "Mais", "2ª" e "3ª" em negrito para enfatizar. O detalhe adicional está descrito na nota de rodapé.

Encerramento

Podemos aprender examinando visuais eficazes e considerando as escolhas de design feitas para criá-los. Pelos exemplos deste capítulo, reforçamos várias lições abordadas até aqui. Examinamos a escolha do tipo de gráfico e a ordenação de dados. Consideramos para onde nossos olhos são atraídos e em que ordem, graças às estratégias empregadas para enfatizar e desenfatizar componentes por meio do uso de cor, espessura e tamanho. Discutimos o alinhamento e o posicionamento de elementos. Consideramos o uso apropriado de texto que torna os visuais acessíveis por meio de titulação clara, legendagens e anotação.

Há algo a ser aprendido em cada exemplo de visualização de dados que você encontrar — tanto boas como ruins. Quando vir algo de que goste, faça uma pausa para considerar o *porquê*. Os que seguem meu blog, em inglês, (storytellingwithdata.com) talvez saibam que também sou cozinheira entusiasmada, e frequentemente aproveito a seguinte metáfora da comida na analítica de dados: na visualização de dados, raramente há uma única resposta "certa" (se houver); em vez disso, existem bons sabores. Os exemplos que examinamos neste capítulo são a culinária gourmet dos gráficos.

Dito isso, diferentes pessoas tomarão diferentes decisões ao se depararem com o mesmo desafio de visualização de dados. Por isso, inevitavelmente fiz nesses visuais algumas escolhas de design que você poderia ter tratado de forma diferente. Tudo bem. Espero que, ao descrever meu processo mental, você possa entender por que fiz tais escolhas de design. Essas são considerações a lembrar em seu próprio processo de design. O mais importante é que suas escolhas de design sejam exatamente isso: intencionais.

Agora você está pronto para a última lição sobre storytelling com dados: **contar uma história**.

capítulo sete

lições sobre storytelling

Em meus workshops, a lição sobre storytelling frequentemente começa com um exercício de imaginação. Eu peço aos participantes para fecharem os olhos e lembrarem da história da *Chapeuzinho Vermelho*, considerando especificamente a trama, as reviravoltas e o final. Às vezes, esse exercício gera algumas risadas; as pessoas se perguntam sobre sua relevância ou corajosamente a confundem com Os Três *Porquinhos*. Mas acho que a maioria dos participantes (normalmente em torno de 80 a 90%, com base em um levantar de mãos) é capaz de lembrar da história em geral — muitas vezes uma versão modificada do original macabro dos Grimms.

Conceda-me um momento para eu contar a versão que está em minha mente:

A vovozinha ficou doente e a Chapeuzinho Vermelho sai pela floresta com uma cesta de doces para entregar a ela. No caminho, encontra um lenhador e um lobo. O lobo corre na frente, come a vovozinha e veste suas roupas. Quando Chapeuzinho chega, percebe que algo está errado. Faz uma série de perguntas para o lobo (disfarçado de vovozinha), culminando com a observação:

"Vovó, seus dentes são tão grandes!" — ao que o lobo responde: "É melhor para comer você!" e engole a Chapeuzinho. O lenhador chega e, vendo a

porta da casa da vovozinha entreaberta, decide investigar. Lá dentro, encontra o lobo cochilando depois de sua refeição. O lenhador suspeita do que aconteceu e corta o lobo ao meio. A vovozinha e a Chapeuzinho surgem — sãs e salvas! Final feliz para todos (menos para o lobo).

Agora, vamos voltar à pergunta que pode estar na ponta de sua língua: O que *Chapeuzinho Vermelho* tem a ver com a comunicação com dados?

Para mim, esse exercício é a evidência de duas coisas. Primeiro, o poder da repetição. Você provavelmente já ouviu alguma versão de *Chapeuzinho Vermelho* algumas vezes. Talvez tenha lido ou contado uma versão da história várias vezes. Esse processo de ouvir, ler e dizer coisas numerosas vezes ajuda a consolidá-las em nossa memória de longo prazo. Segundo, histórias como a de *Chapeuzinho Vermelho* empregam essa combinação mágica de trama-reviravoltas-final (ou, como vamos aprender de Aristóteles em breve — começo, meio e fim), que funciona para incorporar coisas em nossa memória de um modo que podemos lembrar depois *e recontar* a história para outra pessoa.

Neste capítulo, exploramos a mágica da **história** e como podemos usar os conceitos do storytelling para nos comunicarmos eficientemente com dados.

A mágica da história

Quando você assiste a uma grande peça de teatro, a um filme cativante ou lê um livro fantástico está experimentando a mágica da história. Uma boa história chama sua atenção e o leva em uma jornada, incitando uma resposta emocional. No meio dela, você não quer parar nem deixá-la de lado. Depois de terminar — um dia, uma semana ou até um mês depois —, você poderia descrevê-la facilmente para um amigo.

Não seria ótimo se pudéssemos provocar tal energia e emoção em nosso público? A história é uma estrutura testada e aprovada; os seres humanos têm se comunicado com histórias ao longo das eras. Podemos usar essa poderosa ferramenta para nossas comunicações comerciais. Vamos ver as formas de arte das peças teatrais, filmes e livros para saber o que podemos aprender dos mestres contadores de histórias que nos ajudarão a contar melhor nossas histórias com dados.

Storytelling em peças teatrais

A noção de estrutura narrativa foi inicialmente descrita em tempos antigos pelos filósofos gregos, como Aristóteles e Platão. Aristóteles introduziu uma ideia básica, porém profunda: que história tem começo, meio e fim claros. Ele propôs uma estrutura de três atos para peças teatrais. Esse conceito foi refinado no decorrer do tempo e é comumente referido como preparação, conflito e solução. Vamos ver brevemente cada um desses atos e o que eles contêm, e então vamos considerar o que podemos aprender dessa estratégia.

O primeiro ato prepara a história. Ele introduz o personagem principal, ou protagonista, suas relações e o mundo no qual vive. Após essa preparação, o personagem principal é confrontado com um incidente. A tentativa de lidar com esse incidente normalmente leva a uma situação mais dramática. Isso é conhecido como primeiro ponto decisivo. O primeiro ponto decisivo garante que a vida nunca será a mesma para o personagem principal e levanta a questão dramática — enquadrada em termos da chamada para ação do personagem — a ser respondida no clímax da peça teatral. Isso marca o fim do primeiro ato.

O segundo ato compõe a parte principal da história. Ele mostra a tentativa do personagem principal de resolver o problema criado no primeiro ponto decisivo. Frequentemente, o personagem principal não possui habilidades para lidar com o problema que enfrenta e, como resultado, acaba encontrando situações cada vez piores. Isso é conhecido como arco do personagem, em que o personagem principal passa por grandes mudanças na vida como resultado do que está acontecendo. Talvez tenha que aprender novas habilidades ou alcançar uma noção de consciência mais alta sobre quem é e do que é capaz para lidar com sua situação.

O terceiro ato resolve a história e suas subtramas. Inclui um clímax, no qual as tensões da história atingem o ponto mais alto de intensidade. Por fim, a questão dramática introduzida no primeiro ato é respondida, deixando o protagonista e outros personagens com uma nova compreensão de quem realmente são.

Há duas lições a serem aprendidas aqui. Primeiro, a estrutura de três atos pode servir como modelo para nós na comunicação em geral. Segundo, **conflito** e **tensão** são partes integrantes da história. Vamos voltar a essas ideias em breve e explorar algumas aplicações concretas. Enquanto isso, vamos ver o que podemos aprender de um contador de histórias especialista dos cinemas.

Storytelling e o cinema

Robert McKee é um premiado escritor, diretor e conceituado professor de roteiros (seus antigos alunos incluem 63 vencedores do Oscar e 164 do Emmy, e seu livro *Story*, Substância, Estrutura, Estilo e os Princípios da Escrita de Roteiro (ed. Arte e Letra), é leitura obrigatória em muitos cursos universitários de cinema e filmes). Em uma entrevista para a *Harvard Business Review*, ele discute persuasão por meio de storytelling e examina como o storytelling pode ser aproveitado em um ambiente comercial. McKee diz que existem duas maneiras de persuadir as pessoas:

A primeira é a retórica convencional. No mundo dos negócios, isso normalmente assume a forma de slides do PowerPoint cheios de fatos e estatísticas com marcadores. É um processo intelectual. Mas é problemático, porque, enquanto você está tentando persuadir seu público, ele está debatendo com você em suas mentes. McKee diz: "Se você teve êxito em persuadi-lo, só fez isso intelectualmente. Não é o suficiente, pois as pessoas não são inspiradas a agir apenas pela razão" (Fryer, 2003).

Pense em como *Chapeuzinho Vermelho* ficaria se reduzíssemos a história à retórica convencional. Libby Spears faz uma divertida versão disso em seu conjunto de slides, Chapeuzinho Vermelho e o Dia em que o *PowerPoint Chegou À Cidade* (em inglês). Esta é minha versão dele — marcadores em um slide do PowerPoint poderiam ser como os seguintes:

- Chapeuzinho Vermelho (CV) precisa caminhar 0,87 Km do Ponto A (casa) para o Ponto B (casa da vovozinha)
- CV encontra Lobo, que (1) corre na frente até a casa da vovozinha, (2) a come e (3) veste suas roupas
- CV chega à casa da vovozinha às 14H e faz três perguntas a ela

- Problema identificado: após a terceira pergunta, Lobo come CV
- Solução: vendedor (Lenhador) emprega ferramenta (machado)
- Resultado esperado: Vovozinha e CV vivas, o Lobo não

Quando reduzida aos fatos, não é tão interessante, não é?

O segundo modo de persuadir, de acordo com McKee, é por meio de uma *história*. As histórias unem uma ideia a uma emoção, estimulando a atenção e a energia do público. Como exige criatividade, contar uma história convincente é mais difícil que a retórica convencional. Mas vale a pena se aprofundar em seus recessos criativos, pois a história permite que você envolva seu público em um nível totalmente novo.

O que é *história* exatamente? Em um nível fundamental, uma história expressa como e por que a vida muda. As histórias começam com equilíbrio. Então algo acontece — um evento que tira as coisas do equilíbrio. McKee descreve isso como "a expectativa subjetiva encontra a dura realidade". É essa mesma tensão que discutimos no contexto das peças teatrais. A luta, o conflito e o suspense resultantes são componentes fundamentais da história.

McKee diz que histórias podem ser reveladas fazendo-se algumas perguntas-chave: *O que meu protagonista quer para restaurar o equilíbrio em sua vida? Qual é a necessidade básica? O que está impedindo meu protagonista de alcançar seu desejo? Como meu protagonista decidiria agir para alcançar seu desejo perante forças contrárias?* Depois da criação da história, McKee sugere voltar e considerar: Eu acredito nisso? *Não é um exagero nem enrolação do conflito? É uma narrativa honesta, mesmo que tudo vire de pernas para o ar?*

O que aprendemos de McKee? A metalição é que podemos usar histórias para envolver nosso público emocionalmente, de um modo que vá além do que os fatos conseguem. Mais especificamente, podemos usar as perguntas que ele descreve para identificar histórias que enquadrem nossas comunicações. Vamos considerar isso mais adiante. Primeiro, vamos ver o que podemos aprender sobre storytelling com um mestre contador de histórias no que diz respeito à palavra escrita.

Storytelling e a palavra escrita

Quando indagado sobre como escrever uma história cativante pelo *International Paper*, Kurt Vonnegut (autor de romances como *Matadouro 5* e *Café da Manhã dos Campeões*, ambos publicados pela LP&M) descreveu as dicas a seguir, cujo excerto extraí de seu curto artigo, "How to Write with Style" (uma leitura rápida excelente):

1. **Encontre um assunto com o qual você se preocupe.** É a preocupação genuína, não seus jogos de linguagem, que serão o elemento mais convincente e sedutor em seu estilo.
2. **Contudo, não divague.**
3. **Simplifique.** Os grandes mestres escreveram frases quase infantis quando seus assuntos eram mais profundos. "Ser ou não ser?", pergunta Hamlet de Shakespeare. A palavra mais longa tem três letras.
4. **Tenha coragem de cortar.** Se uma frase, independente do quanto seja excelente, não ilumina seu assunto de algum modo novo ou útil, elimine-a.
5. **Pareça você mesmo.** Acho que sou eu quem mais confio no que escrevo, e outros também parecem confiar ainda mais quando pareço ser uma pessoa de Indianápolis, o que sou.
6. **Diga o que pretende dizer.** Se eu violasse todas as regras de pontuação, fizesse as palavras ter qualquer sentido que quisesse e as encadeasse sem qualquer ordem, simplesmente não seria compreendida.
7. **Tenha dó dos leitores.** Nosso público exige que sejamos professores solidários e pacientes, sempre desejosos de simplificar e esclarecer.

Esse conselho contém várias pérolas que podemos aplicar no contexto do storytelling. Simplifique. Edite radicalmente. Seja autêntico. Não comunique para si mesmo — comunique *para seu público*. A história não é para você; é para ele.

Agora que aprendemos algumas lições dos mestres, vamos considerar como podemos construir nossas histórias.

Construção da história

Apresentamos os fundamentos de uma narrativa no Capítulo 1, com a Grande Ideia, a história de 3 minutos e o storyboard para esboçar o conteúdo a ser incluído ao se começar a considerar ordem e fluxo. Aprendemos como é importante identificar nosso público — quem é ele e o que precisamos que faça. Nesse ínterim, aprendemos também a aperfeiçoar as visualizações de dados que vamos incluir em nossa comunicação. Agora que atacamos essa frente, é hora de voltarmos à história. História é o que vincula a informação, fornecendo à apresentação ou comunicação uma estrutura para nosso público seguir.

Talvez Vonnegut tenha apreciado a observação simples, porém profunda, de Aristóteles, de que uma história tem começo, meio e fim claros. Como um exemplo concreto, lembre-se do que consideramos com *Chapeuzinho Vermelho*: a combinação mágica de trama, reviravoltas e final. Podemos usar essa ideia de começo, meio e fim — inspirando-nos na estrutura de três atos — para montar as histórias que queremos comunicar com dados. Vamos discutir cada uma dessas partes e os detalhes específicos a considerar ao elaborarmos uma história.

O início

O primeiro a fazer é apresentar a **trama**, construindo o contexto para seu público. Considere isso como o primeiro ato. Nesta seção, preparamos os elementos essenciais da história — o ambiente, o personagem principal, o estado de coisas não resolvido e o resultado desejado —, estabelecendo o ponto em comum para que a história possa prosseguir. Devemos envolver nosso público, provocar seu interesse e responder às perguntas que provavelmente estão nas mentes: *Por que devo prestar atenção? O que há nisso para mim?*

Em seu livro, *Beyond Bullet Points*, sem tradução no Brasil, Cliff Atkinson identifica as seguintes perguntas a considerar e responder ao montar a história:

1. O ambiente: quando e onde a história ocorre?
2. O personagem principal: quem está conduzindo a ação? (Isso deve ser enquadrado de acordo com seu público!)

3. O desequilíbrio: por que é necessário, o que mudou?
4. O equilíbrio: o que você quer que aconteça?
5. A solução: como você vai provocar as mudanças?

Note a semelhança entre as perguntas acima e aquelas levantadas por McKee, que abordamos antes.

Uso do PowerPoint para contar histórias

Cliff Atkinson usa o PowerPoint para contar histórias aproveitando a arquitetura básica da estrutura de três atos. Seu livro, *Beyond Bullet Points*, sem tradução no Brasil, apresenta um modelo de história e oferece conselhos práticos, usando o PowerPoint para ajudar os usuários a criarem histórias com suas apresentações. Mais informações (em inglês) e recursos relacionados podem ser encontrados em beyondbulletpoints.com.

Outro modo de pensar sobre desequilíbrio-equilíbrio-solução em sua comunicação é enquadrar isso em termos do problema e sua solução recomendada. Se você pensar, *Mas eu não tenho um problema!*, talvez queira reconsiderar. Como já discutimos, conflito e tensão dramática são componentes fundamentais de uma história. Uma história onde tudo é rosa e vai continuar assim não é muito interessante, não chama a atenção nem inspira à ação. Considere conflito e tensão — entre o desequilíbrio e o equilíbrio, ou em termos do problema que você vai focalizar — como as ferramentas de storytelling que vão ajudá-lo a envolver seu público. Enquadre sua história em termos do problema de seu público para que ele aposte imediatamente na solução. Nancy Duarte chama essa tensão de "o conflito entre o que *é* e o que *poderia ser*". Há sempre uma história a contar. Se vale a pena comunicá-la, vale a pena perder o tempo necessário para enquadrar seus dados em uma história.

O meio

Uma vez armado o cenário, por assim dizer, a parte principal de sua comunicação desenvolve "o que poderia ser", com o objetivo de convencer seu público da necessidade de ação. Você mantém a atenção do público nessa parte da história, tratando de *como* ele pode resolver o problema apresentado. Você vai trabalhar para convencê-lo do *porquê* deve aceitar a solução que está propondo ou agir da maneira desejada.

O conteúdo específico assumirá formas diferentes, dependendo de sua situação. A seguir há algumas ideias de conteúdo que podem fazer sentido incluir ao construir sua história e convencer seu público a comprá-la:

- Desenvolva melhor a situação ou problema, abordando as informações relevantes.
- Incorpore o contexto externo ou pontos de comparação.
- Dê exemplos que ilustrem a questão.
- Inclua dados que demonstrem o problema.
- Enuncie o que acontecerá se nenhuma ação for adotada ou nenhuma mudança for feita.
- Discuta possíveis opções para tratar do problema.
- Ilustre as vantagens de sua solução recomendada.
- Torne claro para seu público por que ele está em uma posição privilegiada para tomar uma decisão ou adotar uma ação.

Ao considerar o que incluir em sua comunicação, tenha seu público em mente. Pense no que vai repercutir nele e motivá-lo. Por exemplo, seu público é motivado por ganhar dinheiro, bater a concorrência, ganhar uma fatia de mercado, economizar um recurso, eliminar excessos, inovação, aprender uma coisa nova ou outra coisa? Se puder identificar o que motiva seu público, pense em enquadrar sua história e a necessidade de ação em termos disso. Pense também em se e quando dados reforçarão sua história e integre-os quando fizer sentido. Em toda sua comunicação, torne a informação específica e relevante para seu público. Em última análise, a história deve dizer respeito ao seu público, não a você.

Escreva os títulos primeiro

Ao estruturar o fluxo de sua apresentação ou comunicação global, uma estratégia é criar primeiro os títulos. Lembre-se do storyboard que discutimos no Capítulo 1. Escreva cada título em um lembrete adesivo. Mexa na ordem para criar um fluxo claro, conectando cada ideia com a seguinte de maneira lógica. Estabelecer esse tipo de estrutura ajuda a garantir que haverá uma ordem lógica para seu público seguir. Transforme cada um no título dos slides de sua apresentação ou no título de seção em um relatório escrito.

O fim

Por último, a história deve ter um fim. Termine com uma **chamada para ação**: torne totalmente claro para seu público o que você quer que ele *faça* com o novo entendimento ou conhecimento transmitido. Uma maneira clássica de terminar uma história é vinculá-la ao início. No início de nossa história, definimos a trama e introduzimos a tensão dramática. Para encerrar, você pode pensar em recapitular esse problema e a necessidade de ação resultante, reiterando qualquer senso de urgência e deixando seu público pronto para agir.

No que diz respeito à ordem e a contar nossa história, outra consideração importante é a estrutura da narrativa, que vamos discutir a seguir.

A estrutura da narrativa

Para ser bem-sucedida, uma narrativa precisa ser o centro da comunicação. São as palavras — escritas, faladas ou uma combinação das duas — que contam a história em uma ordem que faz sentido e convence o público do motivo pelo qual é importante ou interessante, e por que prestar atenção nela.

Sem uma narrativa convincente, a mais bonita das visualizações de dados corre o risco de se tornar chata e fracassar.

Talvez você já tenha passado por isso, caso tenha presenciado uma excelente apresentação que usava slides banais. Um apresentador habilidoso pode superar materiais medíocres. Uma narrativa forte pode superar visuais ruins. Isso não quer dizer que você não deva fazer ótimas visualizações de dados e comunicações visuais, mas enfatiza a importância de uma narrativa convincente e robusta. O nirvana na comunicação com dados é alcançado quando visuais eficazes são combinados com uma narrativa poderosa.

Vamos discutir algumas considerações específicas relativas à ordem da história e da narrativa falada e escrita.

Fluxo da narrativa: a ordem de sua história

Pense na ordem em que você quer que seu público experimente sua história. Trata-se de um público ocupado, que gostaria que você dissesse logo o que quer dele? Ou é um público novo com o qual você precisa estabelecer credibilidade? Ele se importa com seu processo ou quer apenas a resposta? É um processo colaborativo, no qual você precisa da opinião dele? Você está pedindo para que ele tome uma decisão ou adote uma ação? Qual é a melhor maneira de convencê-lo a agir da maneira desejada? As respostas a essas perguntas o ajudarão a determinar qual tipo de fluxo de narrativa funcionará melhor, dada sua situação específica.

Um ponto básico importante aqui é que sua história deve ter uma ordem. Uma coleção de números e palavras sobre determinado assunto, sem estrutura para organizá-los e dar significado, é inútil. O fluxo da narrativa é o caminho falado e escrito ao longo do qual você leva seu público durante sua apresentação ou comunicação. Esse caminho deve ser claro para você. Se não for, certamente não haverá um modo de torná-lo claro para seu público.

Ajude-me a transformar isso em uma história!

Quando um cliente chega com uma pilha de apresentações e me pede ajuda, a primeira coisa que digo para fazer é colocar a pilha de lado. Eu o conduzo por exercícios para ajudá-lo a enunciar a Grande Ideia e a história de 3 minutos que discutimos no Capítulo 1. Por quê? Preciso ter um sólido entendimento do que ele quer comunicar antes de elaborar a comunicação. Uma vez articuladas a Grande Ideia e a história de 3 minutos, ele pode começar a pensar em qual fluxo de narrativa faz sentido e em como organizar sua pilha.

Um modo de fazer isso é incluir um slide no início da pilha, marcando os pontos principais de sua história. Isso se tornará um resumo diretor que dirá ao seu público, no início da apresentação, "é isto o que vamos abordar em nosso tempo juntos". Então, organize o restante dos slides de acordo com esse mesmo fluxo. Por último, no final da apresentação, você vai repetir isso ("foi isto o que abordamos"), dando ênfase a quaisquer ações que seu público precise adotar ou decisões que precisem tomar. Isso ajuda a estabelecer uma estrutura em sua apresentação e a tornar essa estrutura clara para seu público. Além disso, usa o poder da repetição para ajudar a fixar sua mensagem em seu público.

Um modo de ordenar a história — o que vem mais naturalmente — é **cronologicamente.** A título de exemplo, se pensarmos no processo analítico geral, ele é como segue: identificamos um problema, reunimos dados para entender melhor a situação, analisamos os dados (os vemos de um modo, vemos de outro modo, ligamos a outras coisas para ver se elas teriam impacto etc.), exteriorizamos uma descoberta ou solução e, com base nisso, temos uma ação recomendada. Um modo de abordar a comunicação disso com nosso público é seguir esse mesmo caminho, levando o público por ele da mesma maneira como o experimentamos. Essa estratégia pode funcionar bem se você precisa estabelecer credibilidade junto ao seu público ou se sabe que ele se importa com o processo. Mas cronologia não é sua única opção.

Outra estratégia é **começar com o fim**. Comece com a chamada para ação: o que você precisa que seu público saiba ou faça. Então, respalde com as partes fundamentais da história que a sustentam. Essa estratégia pode funcionar bem se você já estabeleceu confiança junto ao seu público ou sabe que ele está mais interessado no "e daí" e menos em como você chegou lá. Começar com a chamada para ação tem a vantagem adicional de tornar imediatamente claro para seu público o papel que deve cumprir ou que lentes devem ter ao considerar o resto de sua apresentação ou comunicação, e por que deve continuar a ouvir.

Como parte de tornar o fluxo da narrativa claro, devemos considerar quais partes da história serão escritas e quais serão transmitidas por meio de palavras faladas.

A narrativa falada e escrita

Se você está fazendo uma apresentação — seja formalmente, postado na frente de um recinto, ou mais informalmente, sentado a uma mesa —, boa parte da narrativa será falada. Se estiver enviando um e-mail ou um relatório, é provável que a narrativa seja inteiramente escrita. Cada formato apresenta suas próprias oportunidades e desafios.

Em uma **apresentação ao vivo**, você tem a vantagem de reforçar as palavras que estão na tela ou página com as que está dizendo. Assim, seu público tem a oportunidade de ler e ouvir o que precisa saber, reforçando a informação. Você pode usar a "narrativa oculta" para esclarecer o "e daí" de cada visual, torná-lo relevante para seu público e vincular uma ideia à seguinte. Pode responder às perguntas e esclarecer, quando necessário. Um desafio em uma apresentação ao vivo é que é preciso garantir que o que o público lê em determinado slide ou seção não seja denso demais nem consuma sua atenção no que está sendo enfocado, em vez de ouvi-lo.

Outro desafio é que seu público pode agir de modo imprevisível. Pode fazer perguntas fora do tema, pular para um ponto posterior da apresentação ou fazer outras coisas que o desviem do caminho. Essa é uma razão de ser importante — especialmente em um ambiente de apresentação ao vivo — enunciar claramente a função que você deseja que o público desempenhe e como sua apresentação está estruturada. Por exemplo, se estiver prevendo um público que desejará sair do caminho, comece dizendo algo como: "Eu sei que vai haver muitas perguntas. Anotem, quando surgirem, e eu vou deixar tempo no final para tratar de todas as que não foram respondidas. Mas, primeiro, vamos ver o processo que nossa equipe usou para chegar à nossa conclusão, o que nos levará ao que estamos pedindo a vocês hoje".

Como outro exemplo, se estiver planejando começar com o fim e isso diferir da estratégia típica, informe o público de que é isso que você está fazendo. Você poderia dizer algo como: "Hoje vou começar com o que estamos pedindo a vocês. A equipe fez uma análise robusta que nos levou a esta conclusão e estamos ponderando várias opções diferentes. Vou conduzi-los por tudo isso, mas antes quero destacar o que estamos pedindo a vocês, que é ..." Dizer ao público como você estruturará sua apresentação pode deixar você e ele mais à vontade. Isso ajuda seu público a saber o que esperar e qual papel desempenhar.

Em um **relatório escrito** (ou uma pilha de apresentação enviada, em vez de apresentada ou também usada para "deixar para trás", para lembrar às pessoas do conteúdo depois que você tiver feito a apresentação) você não tem a vantagem da "narrativa oculta" para tornar as seções ou slides relevantes — eles devem fazer isso por conta própria. É a narrativa escrita que conseguirá isso. Pense em quais palavras precisam estar presentes. Quando algo será enviado, sem que você esteja lá para explicar, é particularmente importante esclarecer o "e daí" de cada slide ou seção. Você provavelmente já viu quando isso não foi bem feito: você está examinando uma apresentação e encontra um slide com fatos com marcadores ou um gráfico ou tabela cheia de números e pensa: "Não tenho a mínima ideia do que fazer com isso". Não deixe isso acontecer em seu trabalho: certifique-se de que as palavras estejam presentes para tornar sua ideia clara e relevante para seu público.

Obter a opinião de alguém que não conheça o assunto pode ser particularmente útil nessa situação. Isso o ajudará a descobrir problemas de clareza e fluxo ou perguntas que seu público poderá ter para que possa tratar delas proativamente. Em termos de vantagens da estratégia do relatório escrito, se você tornar a estrutura clara, seu público poderá ir diretamente às partes que interessam.

Enquanto estabelecemos a estrutura e o fluxo da narrativa, o poder da repetição é outra estratégia que podemos aproveitar dentro de nosso storytelling.

O poder da repetição

Lembrando da *Chapeuzinho Vermelho*, um dos motivos de eu recordar a história é a repetição. A história me foi contada e eu a li inúmeras vezes quando criança. Como discutimos no Capítulo 4, informações importantes são transferidas gradualmente da memória de curto prazo para a memória de longo prazo. Quanto mais a informação é repetida e usada, mais provável é que finalmente acabe na memória de longo prazo ou seja retida. É por isso que a história da *Chapeuzinho Vermelho* permanece em minha mente até hoje. Podemos usar esse poder da repetição nas histórias que contamos.

Declarações curtas que podem ser repetidas

"Se as pessoas conseguem lembrar, repetir e transferir sua mensagem facilmente, você fez um bom trabalho ao transmiti-la". Para ajudar a facilitar isso, Nancy Duarte recomenda usar declarações curtas que possam ser repetidas: frases sucintas e claras. Para saber mais, consulte seu livro, Ressonância: Apresente Histórias Visuais que Encantem o Público (ed. Alta Books).

Para empregar o poder da repetição, vamos explorar um conceito chamado **Bing, Bang, Bongo**. Meu professor de inglês no ginásio me apresentou essa ideia quando estávamos aprendendo a escrever ensaios. Eu fixei esse conceito — talvez devido à consonância do nome "Bing, Bang, Bongo" e ao fato de meu professor usá-lo como declaração curta que pode ser repetida — e ele pode ser aproveitado quando precisamos contar uma história com dados.

A ideia é que você deve dizer primeiro ao seu público o que contará a ele ("Bing", o parágrafo introdutório em seu ensaio). Então, você conta a ele ("Bang", o conteúdo do ensaio). Em seguida, você resume o que acabou de contar ("Bongo", a conclusão). Aplicando isso a uma apresentação ou relatório, você pode começar com um resumo diretor que descreva para seu público o que abordará; então, pode fornecer os detalhes ou conteúdo principal de sua apresentação e, finalmente, terminar com um slide ou seção de resumo que revise os pontos principais abordados (Figura 7.1).

FIGURA 7.1 Bing, bang, bongo

Se é você que está preparando ou fazendo a apresentação ou escrevendo o relatório, isso pode parecer redundante, pois já conhece o conteúdo. Mas para seu público — que não tem tanta intimidade com o conteúdo — é ótimo. Você estabeleceu as expectativas sobre o que abordará, depois forneceu os detalhes e, então, recapitulou. A repetição ajuda a consolidar isso na memória dele. Depois de ouvir sua mensagem três vezes, deve estar claro para ele o que deve saber e fazer a partir da história que você acabou de contar.

Bing, Bang, Bongo é uma estratégia a se aproveitar para garantir que sua história seja clara. Vamos considerar mais algumas táticas.

Táticas para ajudar a garantir que sua história seja clara

Existem vários conceitos que rotineiramente discuto em meus workshops para ajudar a garantir que a história que você está contando em sua comunicação seja compreendida. Eles se aplicam principalmente a uma pilha de apresentação. Embora nem sempre seja o caso, acho que muitas vezes essa é a principal forma de comunicar resultados analíticos, descobertas e recomendações em muitas empresas. Alguns dos conceitos que vamos discutir se aplicam a relatórios escritos e a outros formatos.

Vamos discutir quatro táticas para ajudar a garantir que sua história seja clara em sua apresentação: lógica horizontal, lógica vertical, storyboard inverso e uma nova perspectiva.

Lógica horizontal

A ideia por trás da lógica horizontal é que você pode ler *apenas o título* de cada slide de toda a sua pilha e, juntos, esses fragmentos contam a história abrangente que quer comunicar. É importante ter títulos de ação (não títulos descritivos) para que isso funcione bem.

Uma estratégia é ter um slide de resumo diretor na frente, com cada marcador correspondendo a um título de slide subsequente na mesma ordem (Figura 7.2). Essa é uma ótima maneira de preparação, para que seu público saiba o que esperar e então seja levado aos detalhes (lembre-se da estratégia Bing, Bang, Bongo abordada anteriormente).

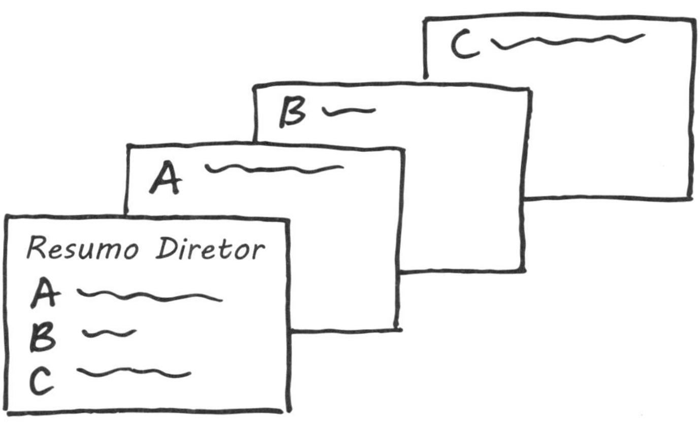

FIGURA 7.2 Lógica horizontal

Verificar a lógica horizontal é uma maneira de testar se a história que você quer contar está claramente organizada em sua mesa.

Lógica vertical

Lógica vertical significa que todas as informações de determinado slide se auto-reforçam. O conteúdo reforça o título e vice-versa. As palavras reforçam o visual e vice-versa (Figura 7.3). Não há nenhuma informação extrínseca ou não relacionada. Na maior parte das vezes, a decisão sobre o que eliminar ou colocar em um apêndice é tão importante (às vezes mais) quanto a decisão sobre o que manter.

FIGURA 7.3 Lógica vertical

Empregar lógica horizontal e vertical juntas ajudará a garantir que a história contada seja claramente compreendida em sua comunicação.

Storyboard inverso

Ao fazer o storyboard no início da construção de uma comunicação, você elabora o esboço da história que pretende contar. Conforme o nome implica, o storyboard inverso faz o oposto. Você pega a comunicação final, a folheia e anota o ponto principal de cada página (essa é uma ótima maneira de testar também sua lógica horizontal). A lista resultante deve ser parecida com o storyboard ou esboço da história que você quer contar (Figura 7.4). Se não for, isso pode ajudá-lo a entender estruturalmente onde poderia adicionar, remover ou mover partes para criar o fluxo global e a estrutura da história que está interessado em transmitir.

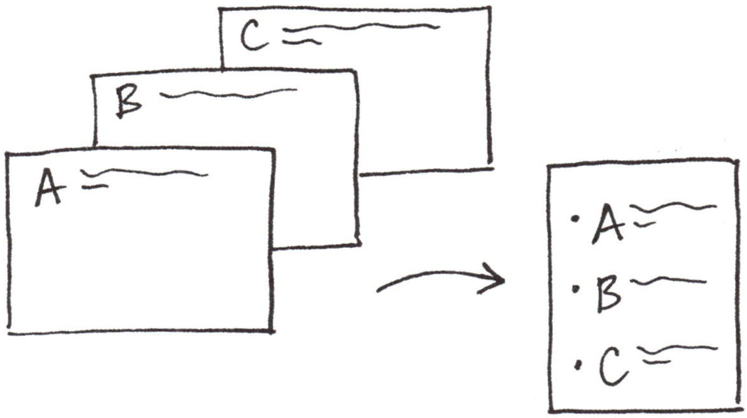

FIGURA 7.4 Storyboard inverso

Uma nova perspectiva

Discutimos o valor de uma nova perspectiva para lhe ajudar a ver pelas lentes de seu público quando se trata de sua visualização de dados (Figura 7.5). Buscar esse tipo de insumo para sua apresentação global também pode ser imensamente útil. Uma vez elaborada sua comunicação, mostre-a para um amigo ou colega. Pode ser alguém sem nenhum contexto (será útil se *for* alguém sem nenhum contexto, porque isso coloca a pessoa em uma posição muito mais próxima à de seu público do que você pode estar, dado seu íntimo conhecimento do assunto). Pergunte no que ela presta atenção, o que acha que é importante e onde tem perguntas. Isso o ajudará a saber se a comunicação que criou está contando a história que pretendia contar ou, no caso de não ser exatamente isso, o ajudará a identificar onde vai concentrar suas iterações.

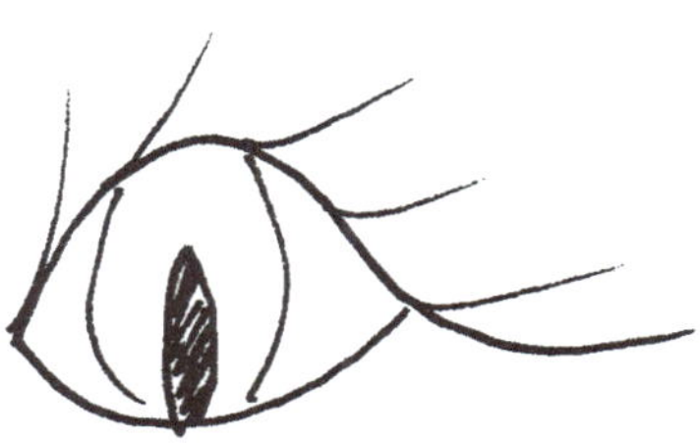

FIGURA 7.5 Uma nova perspectiva

Há um valor incrível em obter uma nova perspectiva quando se trata da comunicação com dados em geral. Quando nos tornamos especialistas no assunto em nossa área de atuação, é quase impossível recuar e ver o que criamos (seja um único gráfico ou uma apresentação completa) pelos olhos de nosso público. Mas isso não quer dizer que você não pode ver o que ele vê. Aproveite a nova perspectiva de um amigo ou colega. Ajude a garantir que sua comunicação atinja o objetivo.

Encerramento

Histórias são mágicas. Elas têm o poder de nos cativar e ficar conosco de maneiras que apenas fatos não conseguem. Elas servem para estruturar. Por que você não usaria esse potencial ao elaborar suas comunicações?

Quando construímos histórias, devemos fazer isso com início (trama), meio (reviravoltas) e fim (chamada para ação). Conflito e tensão são fundamentais para prender e manter a atenção de seu público. Outro componente central da história é a narrativa, a qual devemos considerar em termos de ordem (cronológica ou começar com o fim) e maneira (falada, escrita ou uma combinação das duas). Podemos utilizar o poder da repetição para ajudar a fixar nossas histórias em nosso público. Táticas como lógica horizontal e vertical, storyboard inverso e busca de uma nova perspectiva podem ser empregadas para ajudar a garantir que nossas histórias sejam claramente compreendidas em nossas comunicações.

O personagem principal em toda história que contamos deve ser o mesmo: nosso público. É tornando nosso público o protagonista que podemos garantir que a história seja sobre *ele*, não sobre *nós*. Tornando relevantes os dados que queremos mostrar para nosso público, eles se tornam um ponto essencial em nossa história. Você não vai mais apenas mostrar dados. Em vez disso, vai contar uma história com dados.

Com isso, você pode considerar sua última lição aprendida. Agora você sabe **contar uma história**.

A seguir, vamos ver um exemplo completo do processo de storytelling com dados, do início ao fim.

capítulo oito

tudo reunido

Até este ponto, focalizamos lições individuais que, juntas, o preparam para o sucesso na visualização e comunicação eficaz com dados. Para refrescar sua memória, abordamos as seguintes lições:

1. Entender o contexto (Capítulo 1)
2. Escolher um visual apropriado (Capítulo 2)
3. Eliminar a saturação (Capítulo 3)
4. Chamar a atenção para onde você quer (Capítulo 4)
5. Pensar como um designer (Capítulo 5)
6. Contar uma história (Capítulo 7)

Neste capítulo, vamos ver o processo completo do storytelling com dados, do começo ao fim — aplicando cada uma das lições anteriores —, usando um único exemplo.

Vamos começar considerando a Figura 8.1, que mostra o preço de revenda médio no decorrer do tempo de cinco produtos (A, B, C, D e E). Examine-a por uns instantes.

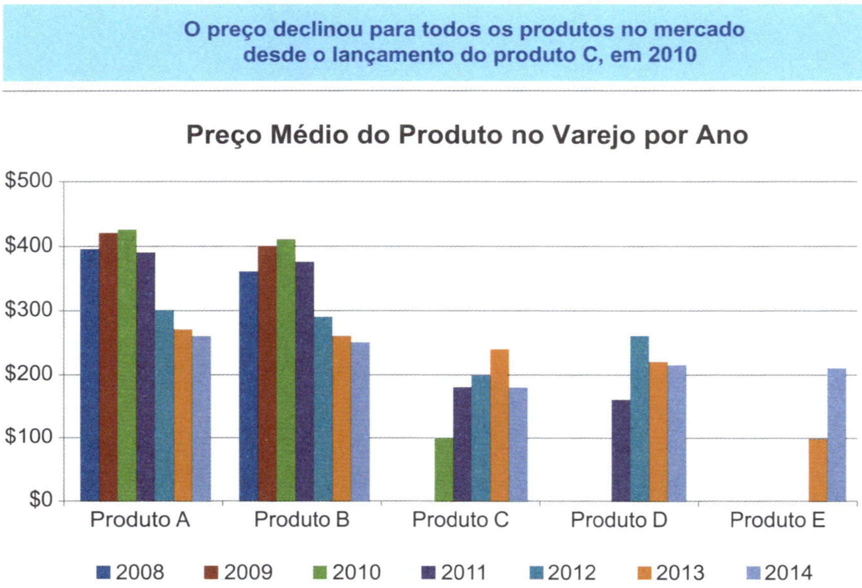

FIGURA 8.1 Visual original

Ao vermos esse gráfico, é fácil começar a decompô-lo. Mas antes de discutirmos a melhor maneira de visualizar os dados mostrados na Figura 8.1, vamos voltar um pouco e considerar o contexto

Lição 1: entenda o contexto

A primeira coisa a fazer ao se deparar com um desafio de visualização é certificar-se de ter um sólido entendimento do contexto e do que você precisa comunicar. Devemos identificar um público específico e o que ele precisa saber ou fazer, e escolher os dados que vamos usar para ilustrar nosso caso. Devemos elaborar a Grande Ideia.

Neste caso, vamos supor que trabalhamos em uma startup que criou um produto para o consumidor. Estamos começando a pensar no preço que o produto deve ter. Uma das considerações nesse processo de tomada de decisão

— que enfocaremos aqui — é como os preços de revenda dos produtos da concorrência nesse mercado mudaram no decorrer do tempo. Há uma observação no visual original que pode ser importante: "O preço declinou para todos os produtos no mercado desde o lançamento do produto C, em 2010".

Para considerarmos especificamente *quem, o quê* e *como,* vamos presumir o seguinte:

> **Quem:** vice-presidente de produto, o principal tomador de decisão no estabelecimento do preço de nosso produto.
>
> **O quê:** entender como os preços dos concorrentes mudaram no decorrer do tempo e recomendar uma faixa de preço.
>
> **Como:** mostrar o preço médio no varejo no decorrer do tempo, dos produtos A, B, C, D e E.

Então, a Grande Ideia poderia ser algo como: com base na análise dos preços no mercado no decorrer do tempo, para sermos competitivos, recomendamos introduzir nosso produto a um preço de varejo na faixa de R$ABC a R$XYZ.

A seguir, vamos considerar alguns modos diferentes de visualizar esses dados.

Lição 2: escolha um visual apropriado

Uma vez identificados os dados que queremos mostrar, a seguir vem o desafio de determinar a melhor maneira de visualiza-los. Neste caso, estamos mais interessados na tendência do preço no decorrer do tempo para cada produto. Se olharmos a Figura 8.1, a variação nas cores entre as barras desvia a atenção disso, tornando o exercício mais difícil que o necessário. Seja paciente comigo, enquanto fazemos iterações na aparência desses dados, mais do que você normalmente faria. A progressão é interessante, porque ilustra como diferentes visões dos dados podem influenciar no que você presta atenção e nas observações que podem ser feitas facilmente.

Primeiro, vamos remover o obstáculo visual da variação na cor e ver o gráfico resultante, mostrado na Figura 8.2.

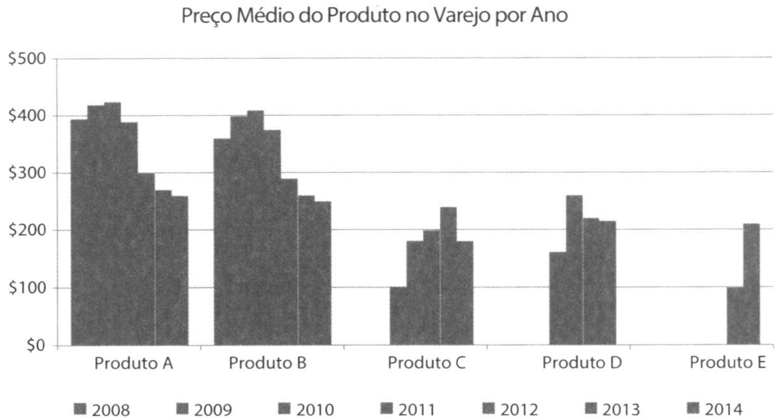

FIGURA 8.2 Remova a variação na cor

Se você ficou tentado a continuar a organizar neste ponto, não está sozinho. Eu tive que resistir ao impulso, pois isso é algo que normalmente faço. Neste caso, vamos deixar para fazer isso na próxima seção, na qual poderemos tratar disso tudo de uma vez.

Como a ênfase no título original era o que aconteceu desde que o produto C foi lançado em 2010, vamos realçar os dados relevantes para facilitar a concentração de nossa atenção nisso por um momento. Veja a Figura 8.3.

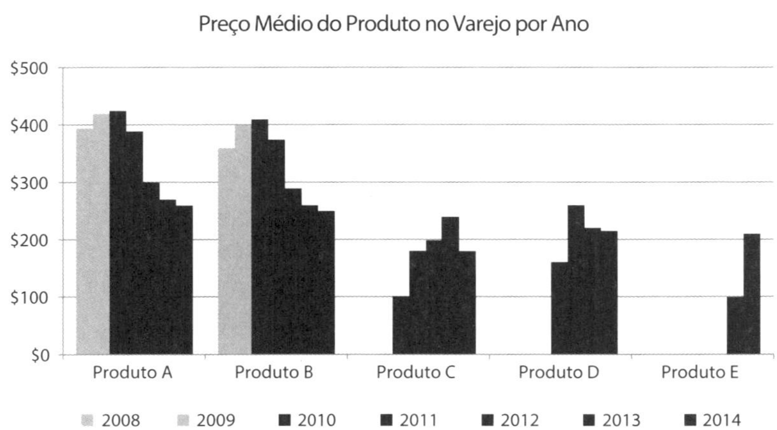

FIGURA 8.3 Enfatize de 2010 em diante

Ao estudarmos isso, vemos claros declínios no preço médio no varejo dos produtos A e B, no período de tempo de interesse, mas isso não parece valer para os produtos lançados depois. Definitivamente, precisaremos mudar o título da apresentação original para mostrar isso quando contarmos nossa história completa.

Se você está pensando que devemos tentar um gráfico de linhas em vez de um gráfico de barras — pois estamos principalmente interessados na tendência no decorrer do tempo —, está absolutamente certo. Ao fazermos isso, também eliminamos a escadinha que as barras criam um tanto artificialmente. Vamos ver como linhas ficariam no mesmo layout acima. Isso está ilustrado na Figura 8.4.

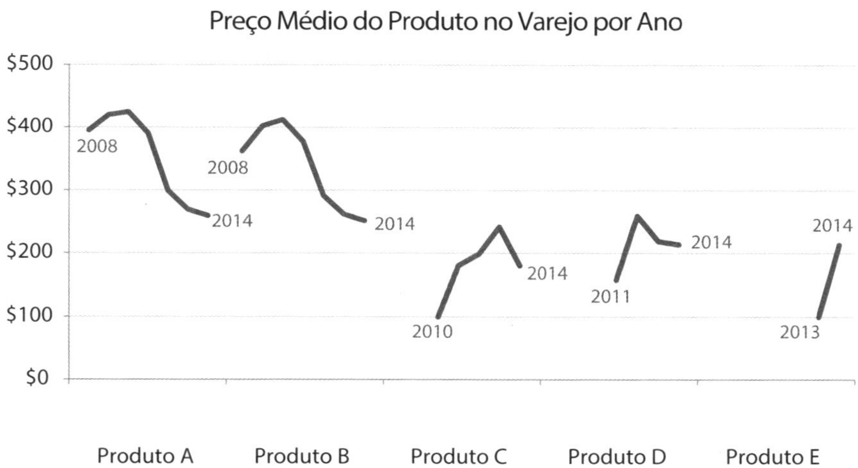

FIGURA 8.4 Mude para um gráfico de linhas

A Figura 8.4 permite ver mais claramente o que está acontecendo no decorrer do tempo, um produto por vez. Mas é difícil compara- os produtos em dado ponto no tempo. Representar todas as linhas no mesmo eixo *x* resolverá isso e também reduzirá a saturação e a redundância das várias legendas de ano. O gráfico resultante poderia ser como a Figura 8.5.

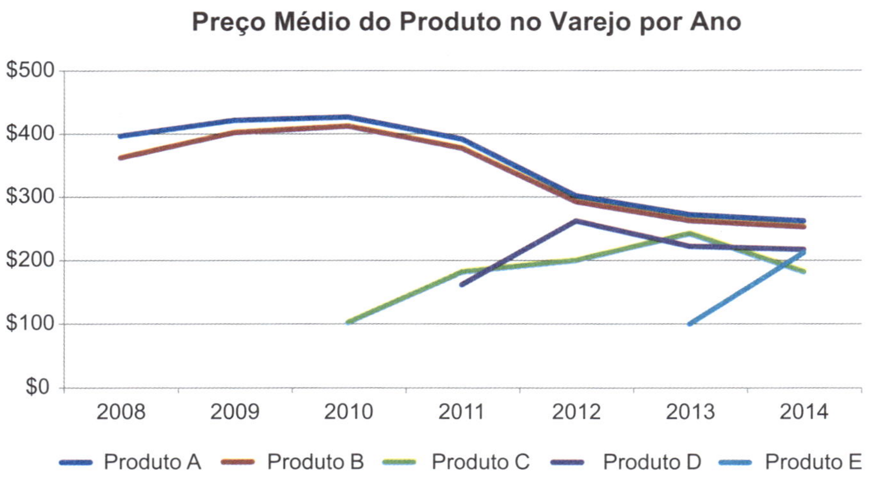

FIGURA 8.5 Gráfico de linhas único para todos os produtos

Com a transição para a nova configuração de gráfico, o Excel adicionou novamente a cor que removemos em uma etapa anterior (vinculando os dados à legenda, embaixo). Vamos ignorar isso por um momento, enquanto consideramos se essa visão dos dados atenderá nossas necessidades. Lembre-se: nosso objetivo é entender como os preços dos concorrentes mudaram no decorrer do tempo. O modo como os dados estão mostrados na Figura 8.5 permite ver isso com relativa facilidade. Podemos facilitar ainda mais a obtenção dessa informação, eliminando a saturação e chamando a atenção para onde queremos.

Lição 3: elimine a saturação

A Figura 8.5 mostra como fica nosso visual quando contamos com as configurações padrão de nosso aplicativo de geração de gráficos (Excel). Podemos melhorar isso com as seguintes alterações:

- **Desenfatizar o título do gráfico.** Ele precisa estar presente, mas não precisa chamar tanto a atenção quanto chama quando escrito em preto e em negrito.

- **Remover a borda e as linhas de grade do gráfico,** que ocupam espaço sem acrescentar muito valor. Não permita que elementos desnecessários atrapalhem seus dados!
- **Colocar as linhas e legendas dos eixos *x* e *y* em segundo plano**, tornando-os cinzas. Eles não devem competir visualmente com os dados. Modifique as marcas indicadoras do eixo *x* de modo que fiquem alinhadas com os pontos de dados.
- **Remover a variação nas cores entre as várias linhas.** Podemos usar cor mais estrategicamente, o que vamos discutir mais adiante.
- **Legendar as linhas diretamente,** eliminando o trabalho de ir e vir entre a legenda e os dados para saber o que está sendo mostrado.

A Figura 8.6 mostra como fica o gráfico depois dessas alterações.

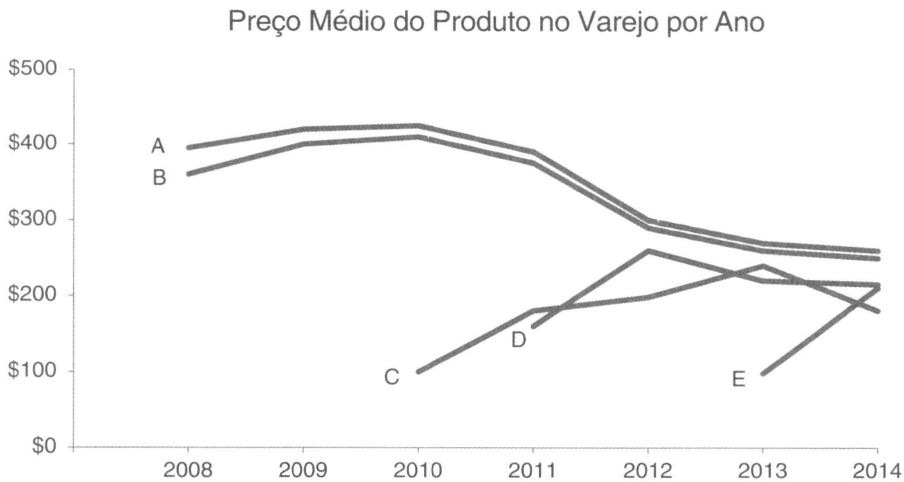

FIGURA 8.6 Elimine a saturação

A seguir, vamos explorar como podemos focar a atenção de nosso público.

Lição 4: chame a atenção para onde você quer que o público foque

Com a visão mostrada na Figura 8.6, podemos ver e comentar muito mais facilmente o que está acontecendo no decorrer do tempo. Vamos explorar como podemos enfocar diferentes aspectos dos dados, por meio do uso estratégico de atributos pré-atentivos.

Considere a manchete inicial: "O preço declinou para todos os produtos no mercado desde o lançamento do produto C, em 2010". Observando a informação mais de perto, eu poderia modificá-la para dizer algo como: "Após o lançamento do produto C, em 2010, **o preço médio no varejo dos produtos existentes declinaram**". A Figura 8.7 demonstra como podemos vincular os pontos importantes nos dados a essas palavras, por meio do uso estratégico de cor.

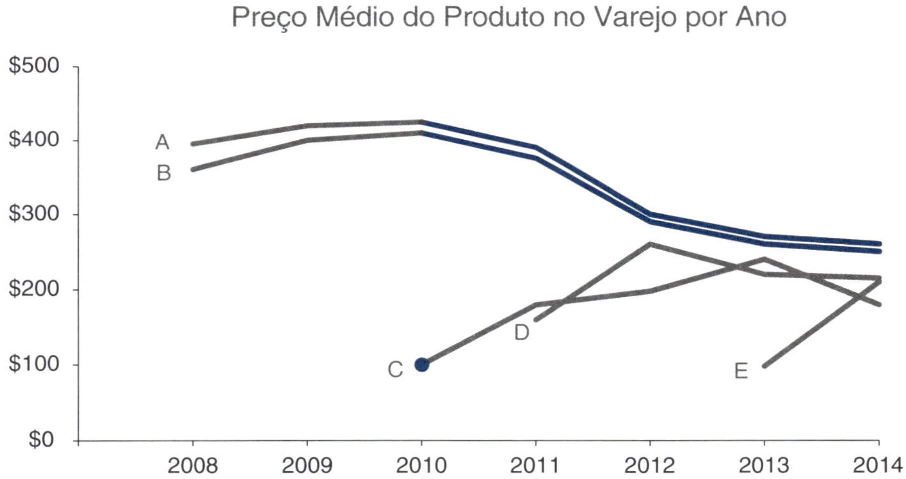

FIGURA 8.7 Focalize a atenção do público

Na Figura 8.7, além dos segmentos coloridos das linhas, a atenção também é atraída à introdução do produto C em 2010, por meio da adição de um marcador de dados nesse ponto. Ele está visualmente vinculado ao decréscimo subsequente no decorrer do tempo para os produtos A e B, por meio do uso coerente de cor.

Alteração de componentes de um gráfico no Excel

Normalmente, você formata uma série de dados (uma linha ou uma série de barras) tudo de uma vez. Contudo, às vezes pode ser útil ter certos pontos formatados de forma diferente — por exemplo, para chamar a atenção para partes específicas, como ilustrado nas Figuras 8.7, 8.8 e 8.9. Para fazer isso, clique uma vez na série de dados a fim de realçá-la e, então, clique novamente para realçar apenas o ponto de interesse. Clique com o botão direito do mouse e selecione Formatar Ponto de Dados para abrir o menu que permite formatar o ponto específico (por exemplo, mudar a cor ou adicionar um marcador de dados). Repita esse processo para cada ponto de dados que você queira modificar. Isso leva tempo, mas o visual resultante é mais fácil de compreender para seu público. É tempo bem gasto!

Podemos usar essa mesma visão e estratégia para nos concentrarmos em outra observação — talvez mais interessante e digna de nota: **"Com o lançamento de um novo produto nessa área de atuação, é normal ver um aumento inicial no preço médio no varejo, seguido por um declínio"**. Veja a Figura 8.8.

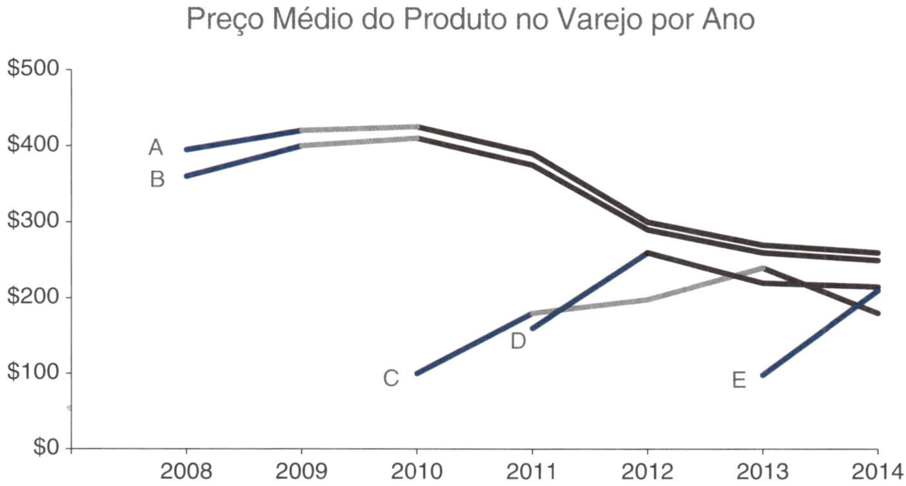

FIGURA 8.8 Mude o foco da atenção do público

Também pode ser interessante notar que "Em 2014, os preços no varejo convergiram entre os produtos, com um **preço médio no varejo de $223,** variando de um mínimo de $180 (produto C) até um máximo de $260 (produto A)". A Figura 8.9 usa cor e marcadores de dados para chamar nossa atenção aos pontos específicos nos dados que corroboram essa observação.

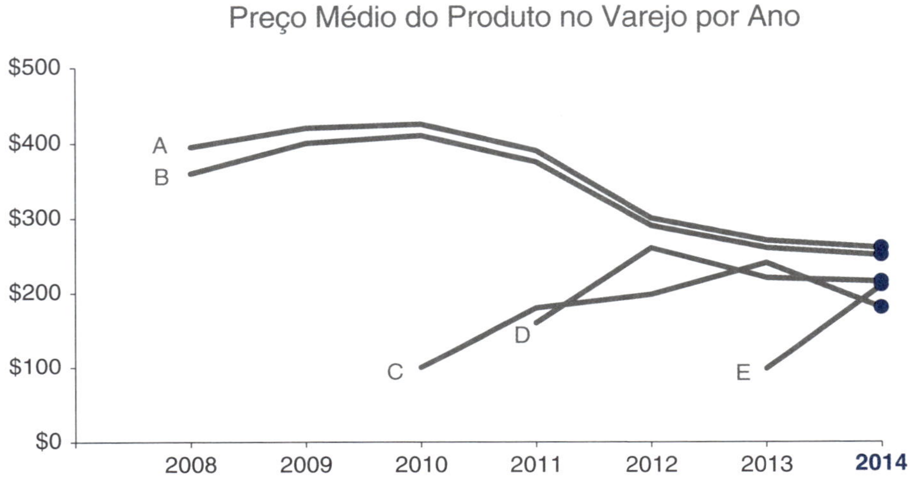

FIGURA 8.9 Mude novamente o foco da atenção do público

A cada visão diferente dos dados, o uso de atributos pré-atentivos permite ver certas coisas mais claramente. Essa estratégia pode ser usada para realçar e contar diferentes partes de uma história com nuances.

Mas antes de continuarmos a pensar na melhor forma de contar a história, vamos colocar nosso chapéu de designers e aperfeiçoar o visual.

Lição 5: pense como um designer

Embora talvez você não tenha reconhecido explicitamente, já estamos pensando como designers nesse processo. A forma segue a função: escolhemos um visual (forma) que permitirá ao nosso público fazer o que precisamos que faça (função) com facilidade. No que diz respeito ao uso de affordances visuais para tornar claro como nosso público deve interagir com nosso visual, já demos passos para cortar saturação e tirar a ênfase de alguns elementos do gráfico, enquanto enfatizamos e chamamos a atenção para outros.

Podemos melhorar ainda mais esse visual, aproveitando as lições abordadas no Capítulo 5, relacionadas à acessibilidade e à estética. Especificamente, podemos:

- **Tornar o visual acessível com texto.** Podemos usar um texto mais simples no título do gráfico e usar maiúscula apenas na primeira letra da primeira palavra, para facilitar sua compreensão e agilizar sua leitura. Também precisamos acrescentar títulos nos eixos vertical e horizontal.
- **Alinhar elementos para melhorar a estética.** O alinhamento centralizado do título do gráfico o deixa suspenso no espaço e não o alinha com nenhum outro elemento; devemos alinhar o título do gráfico no canto superior esquerdo. Alinhe o título do eixo *y* verticalmente com a legenda mais alta e o título do eixo *x* horizontalmente com a legenda mais à esquerda. Isso cria linhas mais limpas e garante que seu público saiba como interpretar o que está vendo, antes de chegar aos dados reais.

A Figura 8.10 mostra como o visual fica depois dessas alterações.

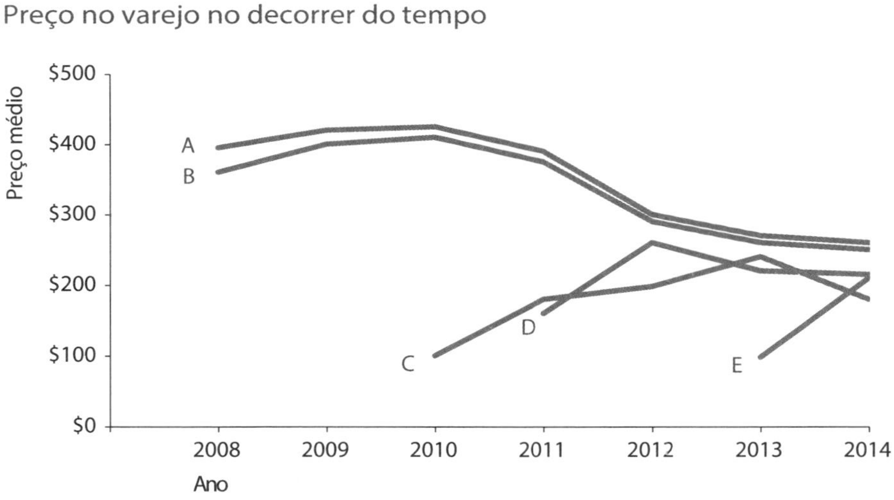

FIGURA 8.10 Adicione texto e alinhe os elementos

Lição 6: conte uma história

Finalmente, é hora de pensar em como podemos usar o visual que criamos na Figura 8.10 como base para conduzir nosso público pela história, da maneira como queremos que a experimente.

Imagine que tenhamos cinco minutos em um ambiente de apresentação ao vivo, com o seguinte tópico: "Panorama Competitivo — Fixação de Preço". A sequência a seguir (Figuras 8.11–8.19) ilustra um caminho que poderíamos tomar para contar uma história com esses dados.

Nos próximos **5 minutos...**

NOSSO OBJETIVO:

1 Entender **como os preços mudaram no decorrer do tempo** no panorama competitivo.

2 Usar esse conhecimento para **informar a fixação de preço de nosso produto**.

Terminaremos com uma **recomendação específica**.

FIGURA 8.11

FIGURA 8.12

Eles tiveram preços semelhantes no decorrer do tempo, com B sistematicamente mais baixo que A

Preço no varejo no decorrer do tempo

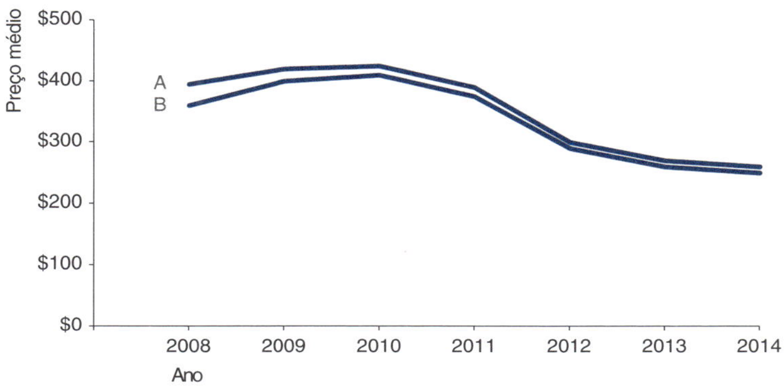

FIGURA 8.13

Em 2014, os produtos A e B tinham os preços **$260** e **$250**, respectivamente

Preço no varejo no decorrer do tempo

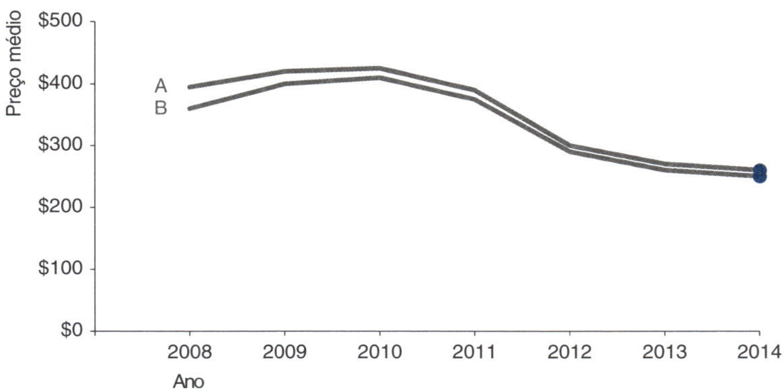

FIGURA 8.14

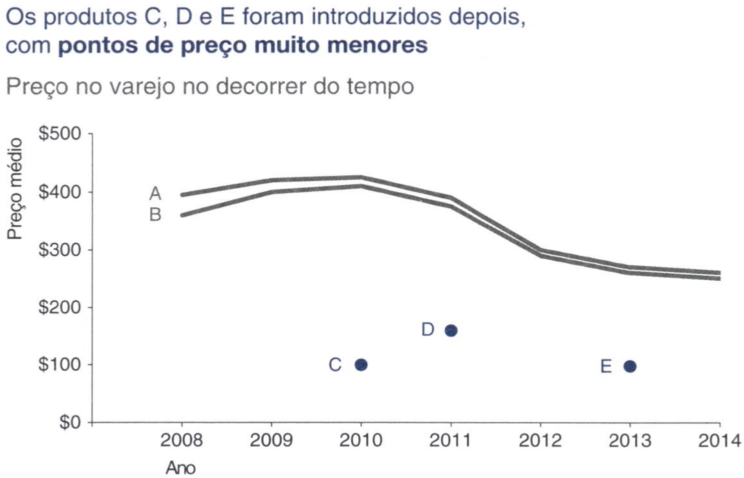

FIGURA 8.15

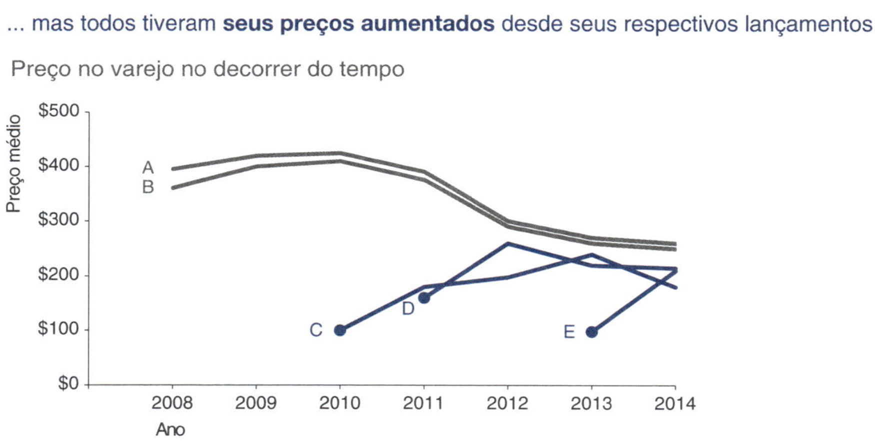

FIGURA 8.16

Na verdade, com o lançamento de um novo produto nessa área de atuação, tendemos a ver um aumento no **preço inicial**, seguido de um **decréscimo** no decorrer do tempo

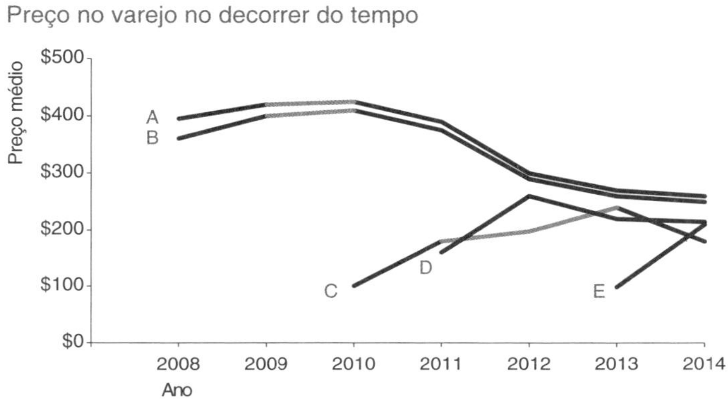

FIGURA 8.17

Em 2014, os preços no varejo convergiram, **com um preço médio de $223**, variando de no mínimo $180 (C) até no máximo $260 (A)

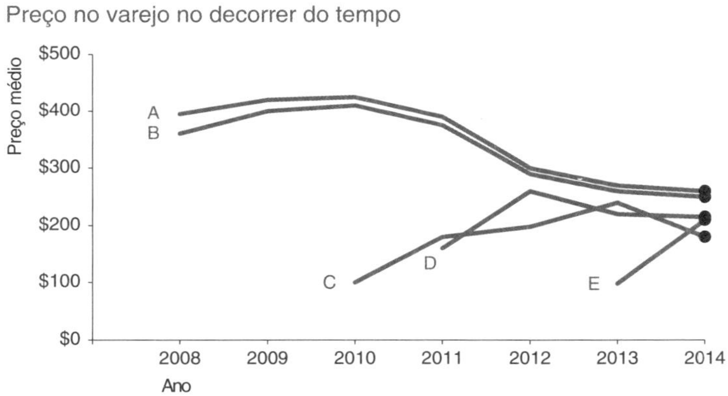

FIGURA 8.18

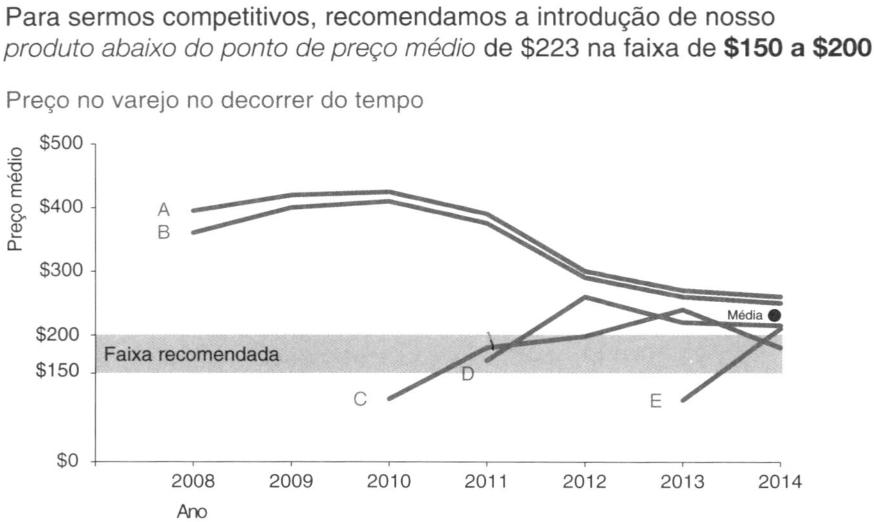

FIGURA 8.19

Vamos considerar essa progressão. Começamos dizendo ao nosso público qual estrutura seguiríamos. Posso imaginar a "narrativa oculta" na apresentação ao vivo estabelecendo a trama antes de passar para o próximo slide: "Como todos sabem, cinco produtos serão nossos principais concorrentes no mercado" — e então, construindo o caminho cronológico de preços que esses produtos seguiram. Podemos introduzir tensão no panorama competitivo quando os produtos C, D e E baixaram significativamente os pontos de preço existentes em seus respectivos lançamentos. Podemos então restaurar um senso de equilíbrio à medida que os preços convergem. Terminamos com uma clara chamada para ação: a recomendação da fixação de preço de nosso produto.

Chamando a atenção de nosso público para a parte específica da história que queremos focalizar — ou apenas mostrando os pontos relevantes ou colocando outras coisas em segundo plano e enfatizando somente as partes relevantes e unindo a isso uma narrativa pensada —, o conduzimos pela história.

Vimos aqui um exemplo de como contar uma história com uma única apresentação. Esse mesmo processo e as lições individuais podem ser seguidos quando você tiver vários gráficos em uma apresentação ou comunicação mais ampla. Nesse caso, pense na história dominante que vincula tudo. As histórias individuais de determinada visualização dentro dessa apresentação maior, como vimos aqui, podem ser consideradas subtramas dentro do enredo mais amplo.

Encerramento

Por meio desse exemplo, vimos o processo do storytelling com dados do início ao fim. Começamos estabelecendo um sólido entendimento do contexto. Escolhemos um visual apropriado. Identificamos e eliminamos a saturação. Usamos atributos pré-atentivos para chamar a atenção de nosso público para o que queremos focalizar. Colocamos nossos chapéus de designers, adicionando texto para tornar nosso visual acessível, e empregamos alinhamento para melhorar a estética. Elaboramos uma narrativa convincente e contamos uma história.

Considere o "antes e depois" mostrado na Figura 8.20.

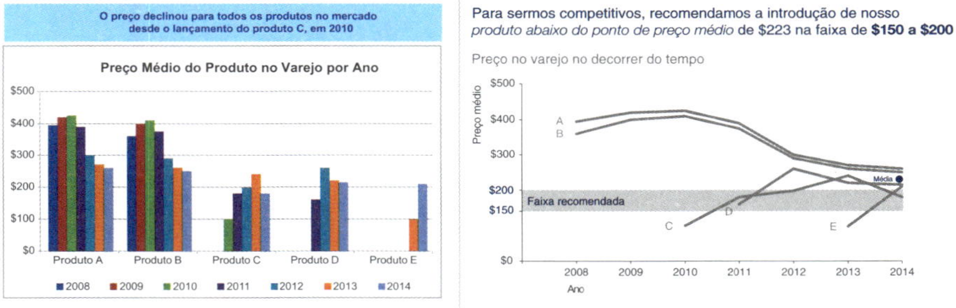

FIGURA 8.20 Antes e depois

As lições que aprendemos e empregamos nos ajudam a mudar de simplesmente mostrar dados para o **storytelling com dados**.

capítulo nove

estudos de caso

A esta altura você deve sentir que tem uma base sólida para se comunicar eficientemente com dados. Neste penúltimo capítulo, exploramos estratégias para enfrentar desafios comuns da comunicação com dados, por meio de vários estudos de caso.

Especificamente, vamos discutir:

- Considerações sobre cor com fundo escuro
- Uso de animação nos visuais apresentados
- Estabelecimento de lógica na ordem
- Estratégias para evitar o gráfico espaguete
- Alternativas aos gráficos de pizza

Dentro de cada um desses estudos de caso, aplicarei as várias lições que abordamos para a comunicação efetiva com dados, mas limitarei minha discussão principalmente ao desafio específico em questão.

ESTUDO DE CASO 1: Considerações sobre cor com fundo escuro

Na comunicação com dados, normalmente recomendo apenas fundo branco. Vamos ver como um gráfico fica com fundo branco, cinza e preto. Veja a Figura 9.1.

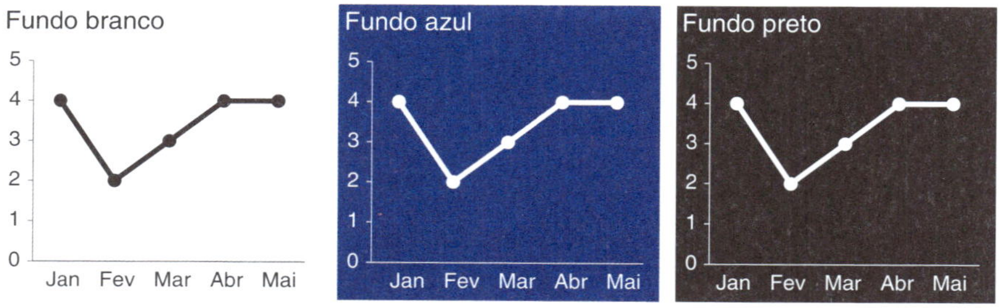

FIGURA 9.1 Gráfico simples sobre fundo branco, AZUL e preto

Se você tivesse que descrever com uma palavra como os fundos azul e preto na Figura 9.1 o fazem se sentir, qual seria? Para mim, seria *pesado*. Com o fundo branco, acho fácil enfocar os dados. Os fundos escuros, por outro lado, arrastam meus olhos para lá — para o fundo —, fora dos dados. Elementos claros sobre um fundo escuro podem criar um contraste mais nítido, mas geralmente são mais difíceis de ler. Por isso, normalmente evito fundos escuros e coloridos.

Dito isso, às vezes existem considerações, fora do cenário ideal para a comunicação com dados, que devem ser levadas em conta, como a marca de sua empresa ou cliente e o modelo padrão correspondente. Foi esse o desafio que enfrentei em um projeto de consultoria.

Não reconheci isso imediatamente. Foi somente após eu ter concluído minha remodelação inicial do visual original do cliente que percebi que simplesmente não se encaixava na aparência dos produtos de trabalho que havia visto no seu grupo. O modelo dele era escuro e em sua face, com fundo preto matizado, cheia de pontos brilhantes, cores pesadamente saturadas. Em comparação, meu visual parecia bem fraco. A Figura 9.2 mostra uma versão generalizada de minha remodelação inicial de um visual exibindo opiniões da pesquisa de funcionários.

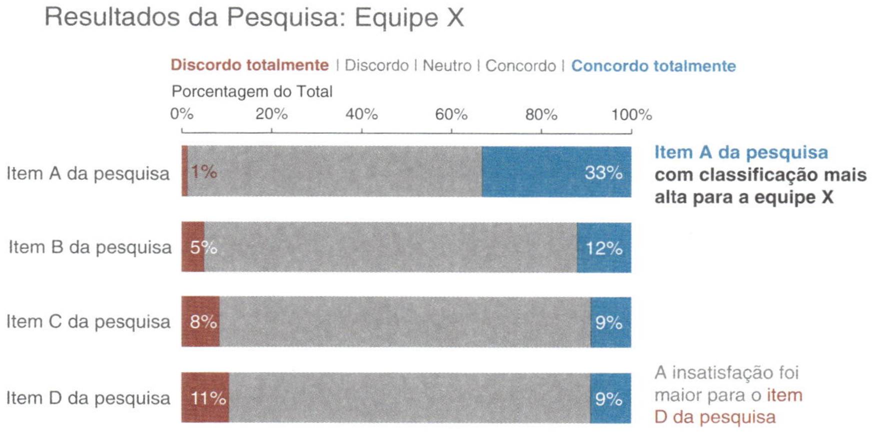

FIGURA 9.2 Remodelação inicial sobre fundo branco

Em um esforço para criar algo mais de acordo com a marca do cliente, refiz minha remodelação, usando o mesmo fundo escuro que havia usado em alguns dos outros exemplos compartilhados. Ao fazer isso, precisei inverter meu processo de pensamento normal. Com um fundo branco, quanto mais distante uma cor estiver do branco, mais se destacará (assim, cinza se destaca menos, enquanto preto se destaca muito). Com um fundo preto se dá o mesmo, mas preto se torna a linha de base (portanto, cinza se destaca menos e branco se destaca muito). Também percebi que algumas cores que normalmente são proibidas com fundo branco (por exemplo, amarelo) chamam muito a atenção contra preto (não usei amarelo nesse exemplo em particular, mas em alguns outros, sim).

A Figura 9.3 mostra como ficou minha versão do visual "mais de acordo com a marca do cliente".

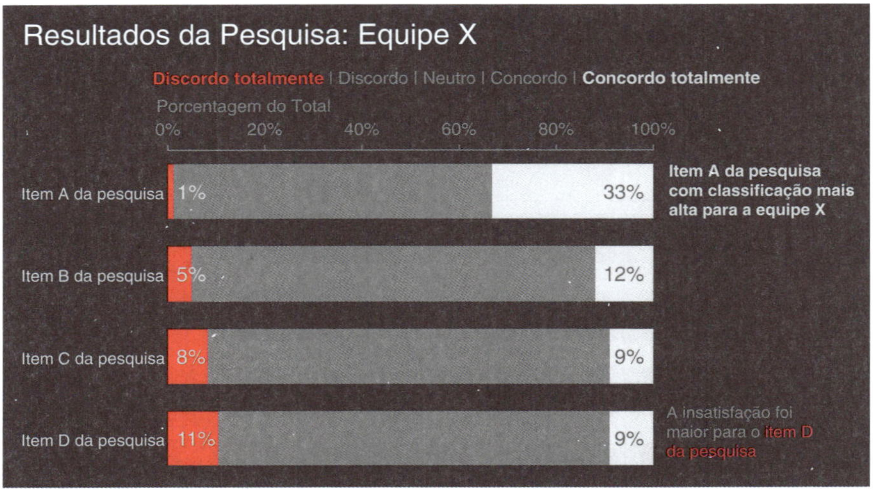

FIGURA 9.3 Recriação sobre fundo escuro

Embora o conteúdo seja exatamente o mesmo, note como a Figura 9.3 fica diferente comparada com a Figura 9.2. Essa é uma boa ilustração de como a cor pode impactar o tom global de uma visualização.

ESTUDO DE CASO 2: Uso de animação nos visuais apresentados

Uma charada frequente na comunicação com dados é quando uma única visão dos dados é usada para apresentação e para relatório. Ao apresentar conteúdo em um ambiente ao vivo, você quer conduzir seu público pela história, enfocando apenas a parte relevante do visual. Contudo, a versão que circula pelo seu público — como pré-leitura ou informação, ou para aqueles que não puderam participar da reunião — precisa se sustentar sem que você, o apresentador, esteja lá para conduzi-lo.

Com muita frequência, usamos exatamente o mesmo conteúdo e recursos visuais para os dois propósitos. Isso normalmente torna o conteúdo detalhado demais para a apresentação ao vivo (particularmente se está sendo projetada no telão) e, às vezes, não detalhado o suficiente para o conteúdo circulado. Isso causa o slidemento — parte apresentação, parte documento, e não atende exatamente as necessidades de ambos —, que citamos brevemente no Capítulo 1. A seguir, vamos ver uma estratégia para usar animação acoplada a um gráfico de linhas anotado para satisfazer as necessidades da apresentação e da circulação.

Vamos supor que você trabalhe em uma empresa que produz jogos sociais online. Você está interessado em contar a história sobre como os usuários ativos de determinado jogo — vamos chamá-lo de Moonville — têm aumentado no decorrer do tempo.

Você poderia usar a Figura 9.4 para falar sobre crescimento desde o lançamento do jogo, no final de 2013.

Fonte dos dados: ABC Report. Para propósitos de análise, "usuários ativos" é o número de usuários individuais nos últimos 30 dias.

FIGURA 9.4 Gráfico original

O desafio, contudo, é que, quando você apresenta esse volume de dados para seu público, perde o controle de sua atenção. Você pode estar falando sobre uma parte dos dados, enquanto ele está enfocando algo totalmente diferente. Talvez você queira contar a história cronologicamente, mas seu público pode pular imediatamente para o forte aumento em 2015 e se perguntar o que motivou isso. Ao fazer isso, ele para de ouvi-lo.

Como alternativa, você pode usar animação para conduzir o público em sua apresentação, à medida que conta os pontos correspondentes da história.

Por exemplo, poderia começar com um gráfico em branco. Isso obrigaria o público a examinar os detalhes do gráfico com você, em vez de pular diretamente para os dados e começar a tentar interpretá-lo. Você pode usar essa estratégia para criar expectativa em seu público, o que o ajudará a manter sua atenção. A partir daí, mostro ou destaco subsequentemente *apenas os dados relevantes ao meu ponto de vista específico*, obrigando a atenção do público a estar exatamente onde quero, enquanto estou falando.

Eu poderia dizer — e mostrar — a seguinte progressão:

Hoje, vou contar a vocês uma história de sucesso: o aumento no número de usuários de Moonville no decorrer do tempo. Primeiro, deixem-me definir o que estamos vendo. No eixo y vertical deste gráfico, vamos mostrar os usuários ativos. Isso é definido como o número de usuários individuais nos últimos 30 dias. Vamos ver como isso mudou no decorrer do tempo, desde o lançamento, no final de 2013, até hoje, mostrado ao longo do eixo x horizontal. (Figura 9.5)

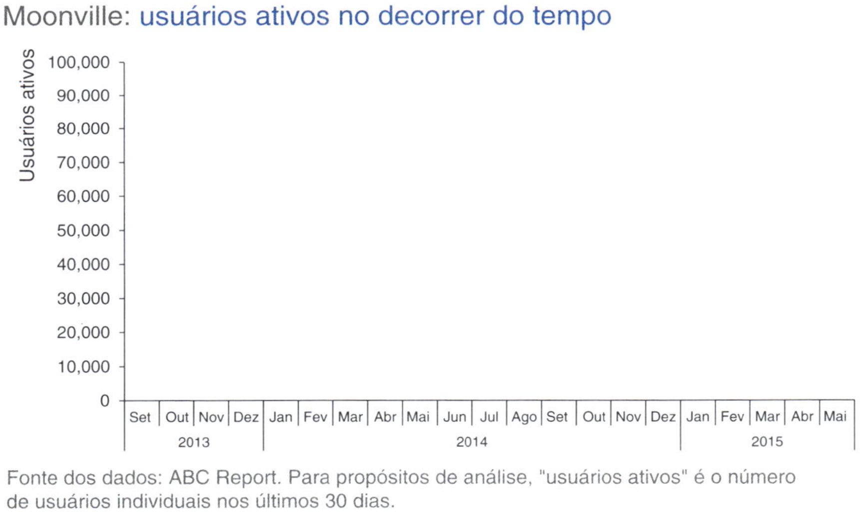

FIGURA 9.5

Lançamos o Moonville em setembro de 2013. No final desse primeiro mês, tínhamos pouco mais de 5.000 usuários ativos, denotados pelo ponto preto na parte inferior esquerda do gráfico. (Figura 9.6)

Moonville: usuários ativos no decorrer do tempo

Fonte dos dados: ABC Report. Para propósitos de análise, "usuários ativos" é o número de usuários individuais nos últimos 30 dias.

FIGURA 9.6

A reação inicial ao jogo era mista. Apesar disso — e da nossa praticamente total falta de marketing — o número de usuários ativos quase dobrou nos quatro primeiros meses, para quase 11.000 no final de dezembro. (Figura 9.7)

Moonville: usuários ativos no decorrer do tempo

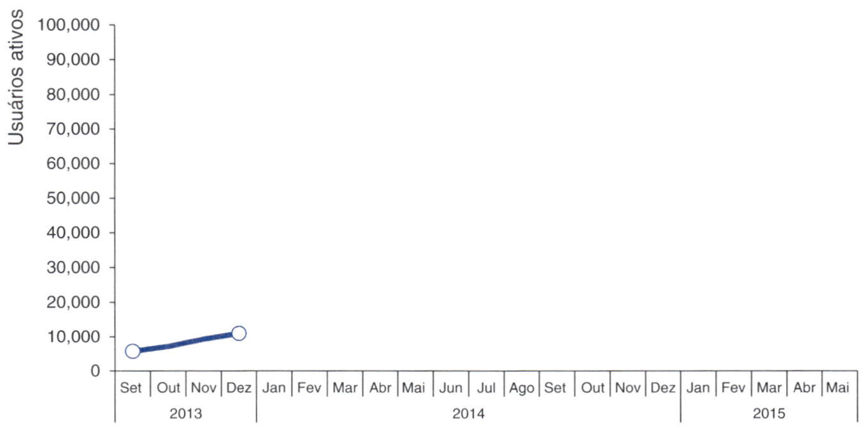

Fonte dos dados: ABC Report. Para propósitos de análise, "usuários ativos" é o número de usuários individuais nos últimos 30 dias.

FIGURA 9.7

No início de 2014, o número de usuários ativos cresceu em uma trajetória mais pronunciada. Isso foi principalmente o resultado de promoções para amigos e famílias que fizemos durante esse tempo, para aumentar a visibilidade do jogo. (Figura 9.8)

Moonville: usuários ativos no decorrer do tempo

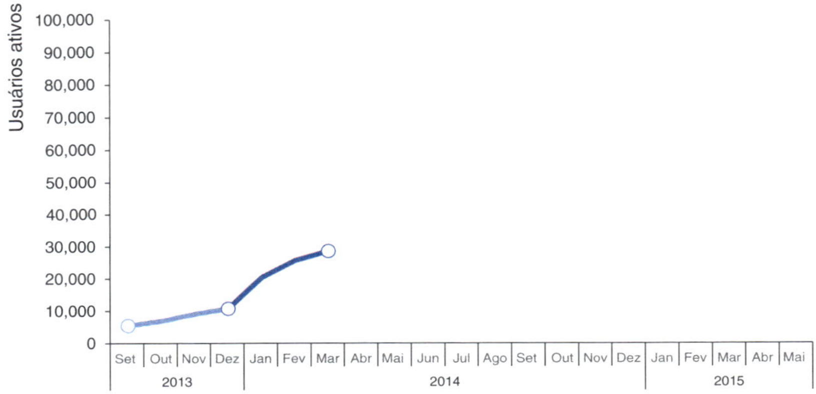

Fonte dos dados: ABC Report. Para propósitos de análise, "usuários ativos" é o número de usuários individuais nos últimos 30 dias.

FIGURA 9.8

O crescimento foi muito pequeno no restante de 2014, pois interrompemos todos os esforços de marketing e focalizamos as melhorias na qualidade do jogo. (Figura 9.9)

Moonville: usuários ativos no decorrer do tempo

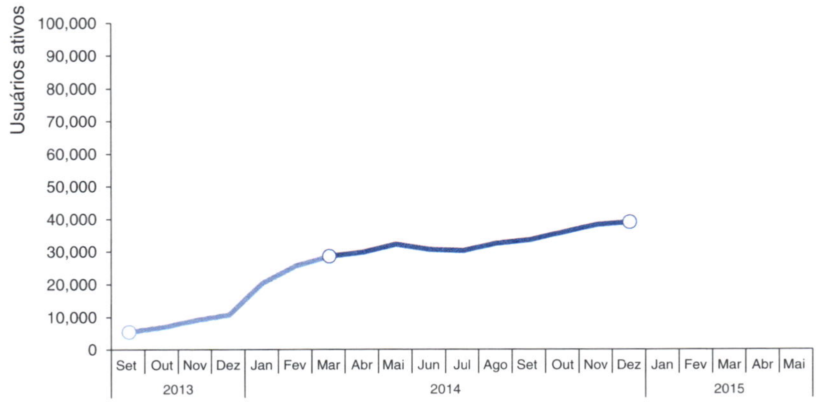

Fonte dos dados: ABC Report. Para propósitos de análise, "usuários ativos" é o número de usuários individuais nos últimos 30 dias.

FIGURA 9.9

Por outro lado, o consumo neste ano tem sido incrível, superando nossas expectativas. O jogo remodelado e melhorado se tornou viral. As parcerias que formamos com canais de mídia social se mostraram um sucesso para continuar a aumentar nossa base de usuários ativos. Com as taxas de crescimento recentes, prevemos que vamos ultrapassar os 100.000 usuários ativos em junho! (Figura 9.10)

Moonville: usuários ativos no decorrer do tempo

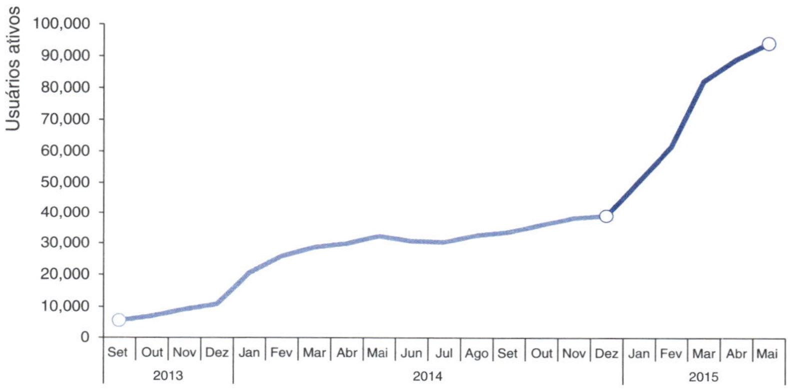

Fonte dos dados: ABC Report. Para propósitos de análise, "usuários ativos" é o número de usuários individuais nos últimos 30 dias.

FIGURA 9.10

Para a versão mais detalhada que você distribui como acompanhamento ou para aqueles que perderam sua (excelente) apresentação, você pode usar uma que explique os pontos importantes da história diretamente no gráfico de linhas, como mostrado na Figura 9.11.

Moonville: usuários ativos no decorrer do tempo

Fonte dos dados: ABC Report. Para propósitos de análise, "usuários ativos" é o número de usuários individuais nos últimos 30 dias.

FIGURA 9.11

Essa é uma estratégia para criar um infográfico (ou, neste caso, um conjunto de infográficos) que satisfaça as necessidades de sua apresentação ao vivo e da versão distribuída. Note que, com essa estratégia, é imperativo conhecer bem sua história para narrá-la sem contar com seus infográficos (algo que você sempre deve ter por meta).

Se estiver usando software de apresentação, você pode montar tudo em um único slide e usar animação para a apresentação ao vivo, fazendo cada imagem aparecer e desaparecer, conforme o necessário, para formar a progressão desejada. Coloque a versão anotada final em cima para que seja tudo que apareça na versão impressa do slide. Se fizer isso, você pode usar exatamente a mesma pilha para a apresentação e para a comunicação que faz circular. Como alternativa, você pode colocar cada gráfico em um slide separado e folheá-los; nesse caso, seria conveniente distribuir a versão anotada final.

ESTUDO DE CASO 3: Lógica na ordem

Deve haver lógica na ordem em que você exibe informações.

A declaração acima provavelmente é óbvia. Apesar disso, assim como muitas coisas que parecem lógicas quando as lemos, ouvimos ou dizemos, com muita frequência não as colocamos em prática. Esse é um exemplo disso.

Embora eu possa dizer que minha frase introdutória é universalmente verdadeira, vou enfocar aqui um exemplo muito específico para ilustrar o conceito: usar ordem para dados categóricos em um gráfico de barras horizontais.

Primeiro, vamos estabelecer o contexto. Digamos que você trabalha em uma empresa que vende um produto que tem vários recursos. Recentemente, você fez uma pesquisa com seus usuários para saber se eles estão empregando cada um dos recursos e o quanto estão satisfeitos com eles e quer usar esses dados. O gráfico inicial que você cria pode ser como o da Figura 9.12.

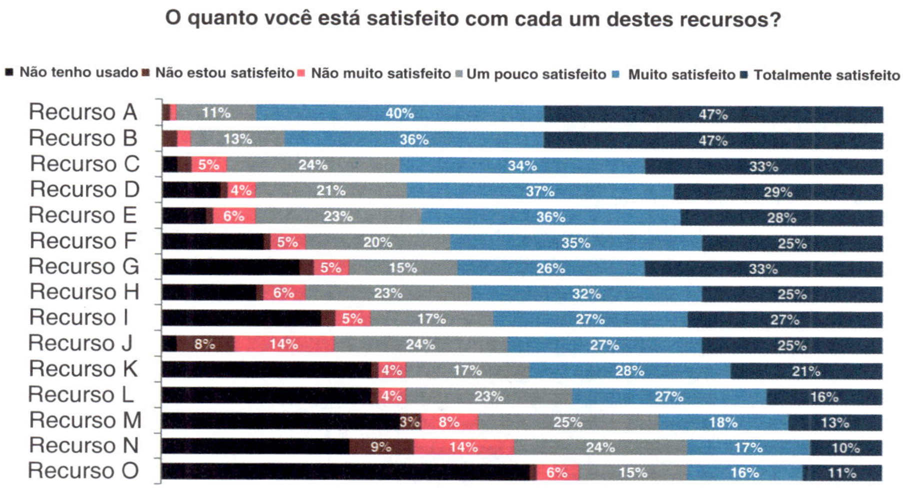

FIGURA 9.12 Satisfação do usuário, gráfico original

Esse é um exemplo real, e a Figura 9.12 mostra o gráfico que foi criado para esse propósito, com a exceção de que substituí os nomes de recurso descritivos por Recurso A, Recurso B etc. Há uma ordem aqui — se observarmos os dados por algum tempo, veremos que estão organizados na ordem decrescente do grupo "Muito satisfeito", mais o grupo "Totalmente satisfeito" (os verdes-azulados e verde-azulados escuros no lado direito do gráfico). Isso pode sugerir que é onde devemos prestar atenção. Mas, do ponto de vista da cor, meus olhos são atraídos primeiro para o segmento em preto "Não tenho usado". E, se pensarmos sobre o que os dados mostram, talvez fossem as áreas de insatisfação que mais interessariam.

Parte do problema aqui é que está faltando a história — o "e daí" — dessa apresentação. Poderíamos contar várias histórias diferentes e enfocar vários aspectos diferentes desses dados. Vamos ver duas maneiras de fazer isso visando aproveitar a ordem.

Primeiro, poderíamos pensar em destacar a história positiva: onde nossos usuários estão mais satisfeitos. Veja a Figura 9.13.

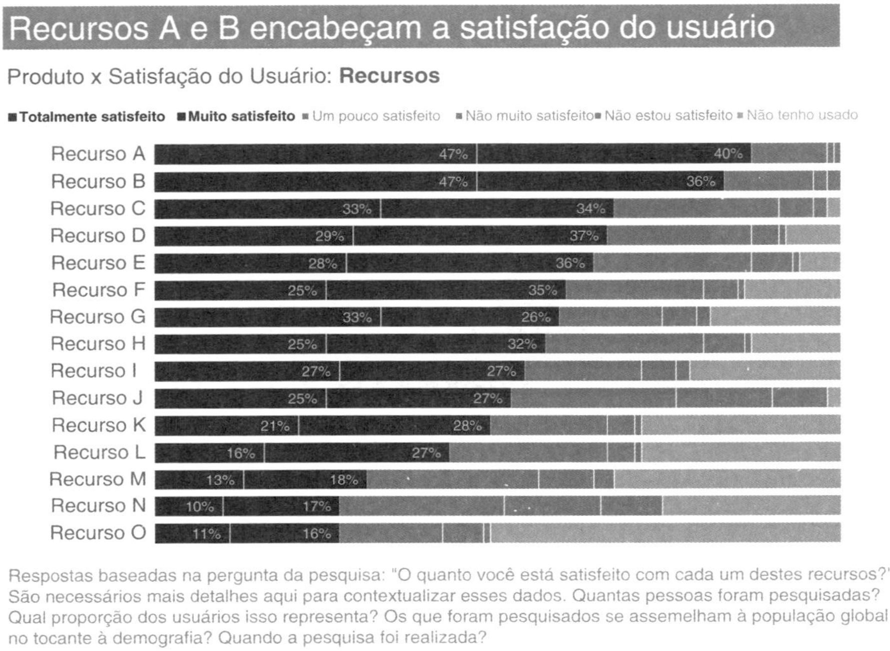

FIGURA 9.13 Realce a história positiva

Na Figura 9.13, ordenei os dados claramente para colocar "Totalmente satisfeito", mais "Muito satisfeito", em ordem decrescente — como no gráfico original —, mas tornei isso muito mais evidente aqui, por meio de outras dicas visuais (a saber, a cor, mas também o posicionamento dos segmentos como a primeira série no gráfico, para que a atenção do público se volte primeiro a isso, ao percorrer da esquerda para a direita). Também usei palavras para ajudar a explicar *por que* sua atenção é chamada para onde é, por meio do título de ação na parte superior, que exalta o que você dever ver no visual.

Podemos usar essas mesmas táticas — ordem, cor, posicionamento, e palavras — para destacar uma história diferente dentro desses dados: onde os usuários estão menos satisfeitos. Veja a Figura 9.14.

Usuários menos satisfeitos com os recursos N e J

Produto x Satisfação do Usuário: **Recursos**

Respostas baseadas na pergunta da pesquisa: "O quanto você está satisfeito com cada um destes recursos?". São necessários mais detalhes aqui para contextualizar esses dados. Quantas pessoas foram pesquisadas? Qual proporção dos usuários isso representa? Os que foram pesquisados se assemelham à população global no tocante à demografia? Quando a pesquisa foi realizada?

FIGURA 9.14 Realce a insatisfação

Ou talvez a história real aqui esteja nos recursos não usados, o que poderia ser destacado como mostra a Figura 9.15.

O recurso O é o menos usado

Produto x Satisfação do Usuário: **Recursos**

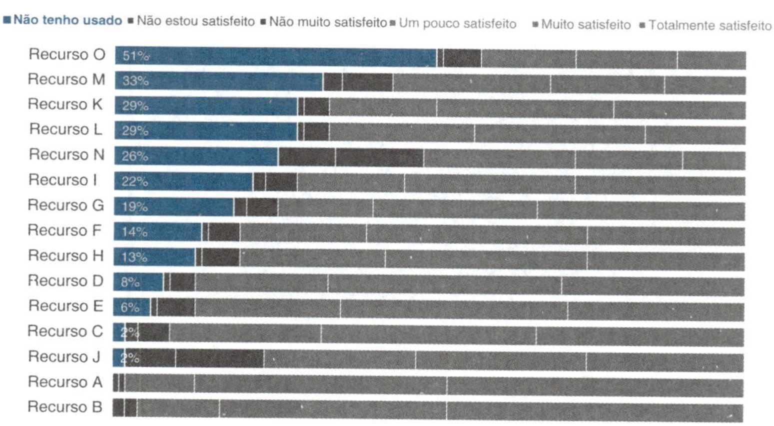

Respostas baseadas na pergunta da pesquisa: "O quanto você está satisfeito com cada um destes recursos?". São necessários mais detalhes aqui para contextualizar esses dados. Quantas pessoas foram pesquisadas? Qual proporção dos usuários isso representa? Os que foram pesquisados se assemelham à população global no tocante à demografia? Quando a pesquisa foi realizada?

FIGURA 9.15 Enfoque nos recursos não usados

Note que, na Figura 9.15, você ainda pode chegar a diferentes níveis de satisfação (ou da falta dela) dentro de cada barra, mas elas foram relegadas a uma comparação de segunda ordem devido às escolhas de cor que fiz, enquanto a ordem de classificação relativa do segmento "Não tenho usado" é claramente a principal comparação na qual meu público deve se concentrar.

Se quisermos contar uma das histórias acima, podemos usar a ordem, cor, posição e as palavras que mostrei para chamar a atenção de nosso público para onde queremos nos dados. Contudo, se quisermos contar *todas as três* histórias, eu recomendaria uma estratégia um pouco diferente.

Não é muito agradável familiarizar seu público com os dados só para reorganizá-los completamente. Isso cria uma sobrecarga mental — o mesmo tipo de peso cognitivo desnecessário discutido no Capítulo 3, que queremos evitar. Vamos criar um visual básico e preservar a mesma ordem para que nosso público só precise se familiarizar com os detalhes uma vez — realçando as diferentes histórias, uma por vez, por meio do uso estratégico de cor.

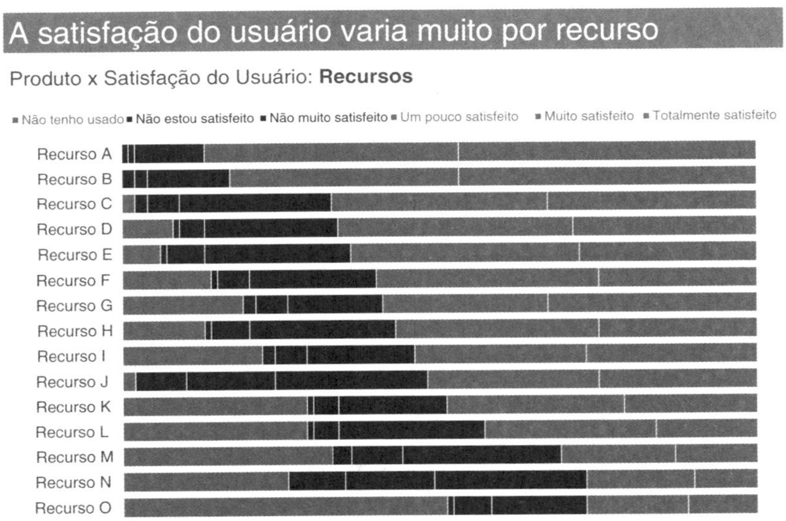

Respostas baseadas na pergunta da pesquisa: "O quanto você está satisfeito com cada um destes recursos?". São necessários mais detalhes aqui para contextualizar esses dados. Quantas pessoas foram pesquisadas? Qual proporção dos usuários isso representa? Os que foram pesquisados se assemelham à população global no tocante à demografia? Quando a pesquisa foi realizada?

FIGURA 9.16 Monte o gráfico

A Figura 9.16 mostra nosso visual básico, sem nada realçado. Se eu fosse apresentar isso para um público, usaria essa versão para conduzi-lo pelo que estaria olhando: respostas de uma pesquisa com a pergunta: "O quanto você está satisfeito com cada um destes recursos?" — variando do positivo "Totalmente satisfeito", à direita, até "Não estou satisfeito" e, finalmente, "Não tenho usado", à esquerda (aproveitando a associação natural de positivo à direita e negativo à esquerda). Então, faria uma pausa para contar cada uma das histórias sucessivamente.

Primeiro vem um visual semelhante àquele com o qual começamos na última série, que destaca onde os usuários estão mais satisfeitos. Nessa versão, eu usei diferentes tons de azul, para chamar a atenção não somente para a proporção de usuários que estão satisfeitos, mas especificamente para os recursos A e B dentro dos segmentos com classificação mais alta, vinculando visualmente essas barras ao texto que ilustra meu ponto. Veja a Figura 9.17.

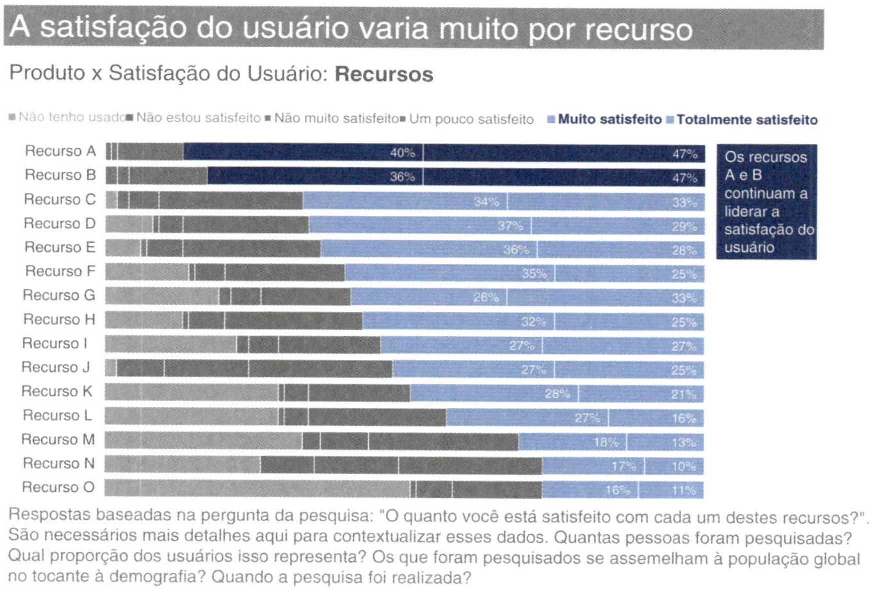

FIGURA 9.17 Satisfação

Isso é seguido por um enfoque na outra extremidade do espectro, onde os usuários estão menos satisfeitos, novamente exaltando e destacando pontos de interesse específicos. Veja a Figura 9.18.

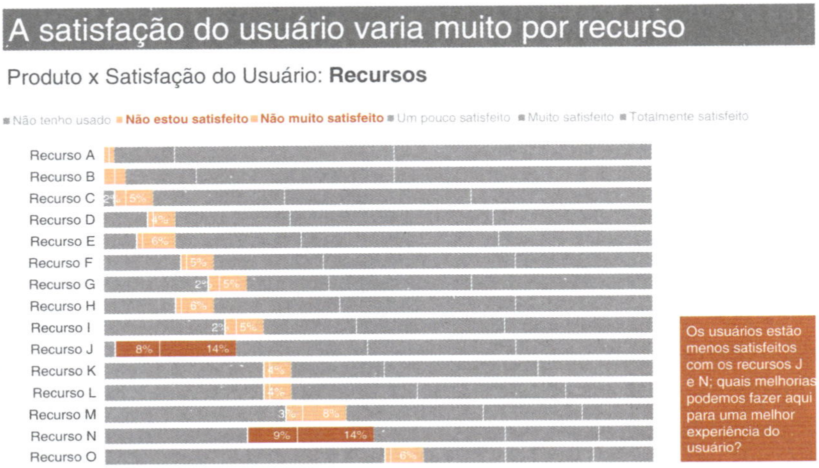

Respostas baseadas na pergunta da pesquisa: "O quanto você está satisfeito com cada um destes recursos?". São necessários mais detalhes aqui para contextualizar esses dados. Quantas pessoas foram pesquisadas? Qual proporção dos usuários isso representa? Os que foram pesquisados se assemelham à população global no tocante à demografia? Quando a pesquisa foi realizada?

FIGURA 9.18 Insatisfação

Observe como na Figura 9.18 não é tão fácil ver a ordem de classificação relativa dos recursos destacados, como acontecia quando estavam colocados em ordem decrescente (Figura 9.14), pois não estavam alinhados ao longo de uma linha de base comum, nem à esquerda nem à direita. Ainda podemos ver as principais áreas de insatisfação (recursos J e N) de forma relativamente rápida, pois são muito maiores que as outras categorias e por causa da ênfase colorida. Adicionei também uma caixa de legenda para destacar isso por meio de texto.

Por fim, preservando a mesma ordem, podemos chamar a atenção de nosso público para os recursos não usados. Veja a Figura 9.19.

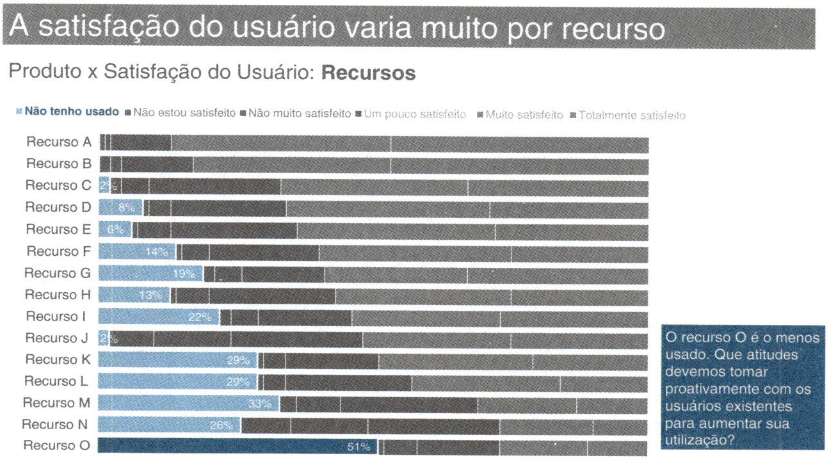

Respostas baseadas na pergunta da pesquisa: "O quanto você está satisfeito com cada um destes recursos?".
São necessários mais detalhes aqui para contextualizar esses dados. Quantas pessoas foram pesquisadas?
Qual proporção dos usuários isso representa? Os que foram pesquisados se assemelham à população global no tocante à demografia?
Quando a pesquisa foi realizada?

FIGURA 9.19 Recursos não usados

Na Figura 9.19 é mais fácil ver a ordem de classificação (mesmo que as categorias não aumentem monotonicamente de cima para baixo), devido ao alinhamento com uma linha de base uniforme à esquerda do gráfico. Aqui, queremos que nosso público enfoque principalmente o recurso inferior no gráfico — o recurso O. Como estamos tentando preservar a ordem estabelecida e não podemos fazer isso colocando-o na parte superior (onde o público o encontraria primeiro), a cor escura e a caixa de legenda ajudam a chamar a atenção para a parte inferior do gráfico.

As visões anteriores mostram a progressão que eu usaria em uma apresentação ao vivo. O uso limitado e estratégico de cor me permite direcionar a atenção do público para um componente dos dados por vez. Se você estiver criando um documento escrito para compartilhar diretamente com seu público, pode compactar todas essas visões em apenas um visual abrangente, como mostrado na Figura 9.20.

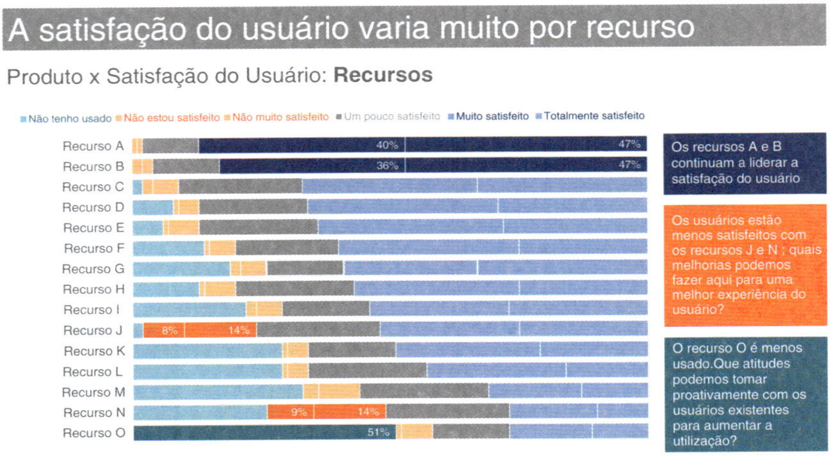

Respostas baseadas na pergunta da pesquisa: "O quanto você está satisfeito com cada um destes recursos?". São necessários mais detalhes aqui para contextualizar esses dados. Quantas pessoas foram pesquisadas? Qual proporção dos usuários isso representa? Os que foram pesquisados se assemelham à população global no tocante à demografia? Quando a pesquisa foi realizada?

FIGURA 9.20 Visual abrangente

Quando processo a Figura 9.20, meus olhos fazem vários zigue-zagues em forma de "z" pela página. Primeiro, vejo o destacado "Recursos" no título do gráfico. Então, sou atraída para as barras escuras — as quais sigo até a caixa de texto escura que me diz o que é interessante no que estou olhando (você vai notar que meu texto aqui é predominantemente descritivo, principalmente devido ao anonimato do exemplo; de preferência, esse espaço seria usado para dar mais ideias). Em seguida, chego à caixa de texto cinza escura, a leio e dou uma olhada à esquerda para ver a evidência no gráfico que a corrobora. Por fim, vejo a barra cinza clara enfatizada na parte inferior e olho no outro lado para ver o texto que a descreve. O uso estratégico de cor diferencia as várias séries, ao passo que também torna claro onde o público deve procurar a evidência específica do que está sendo descrito no texto.

Note que na Figura 9.20 é mais difícil seu público tirar *outras* conclusões com os dados, pois a atenção é fortemente atraída para os pontos em particular que quero destacar. Mas, como já discutimos repetidamente, uma vez que você tenha atingido o ponto que precisa comunicar, *deve haver uma história específica ou ponto a destacar,* em vez de permitir que seu público tire suas próprias conclusões. A Figura 9.20

é densa demais para uma apresentação ao vivo, mas poderia funcionar bem para o documento que será distribuído.

Já mencionei isso, mas seria negligência não destacar que, em alguns casos, existe uma ordem intrínseca nos dados que você quer mostrar (categorias ordinais). Por exemplo, em vez de recursos, se as categorias fossem faixas etárias (0 a 9, 10 a 19, 20 a 29 etc.), você deveria mantê-las em ordem numérica. Isso fornece uma construção importante para o público usar ao interpretar a informação. Então, use os outros métodos para chamar a atenção (por meio de cor, posição, caixas de legenda com texto) para direcionar o público para onde você quer.

Ponto principal: deve haver lógica na ordem dos dados que você mostra.

ESTUDO DE CASO 4: Estratégias para evitar o gráfico espaguete

Embora eu goste muito de comida, tenho aversão a qualquer tipo de gráfico que tenha comida em seu nome. Meu ódio por gráficos de pizza é bem documentado. Roscas são ainda piores. Este é outro para acrescentar à lista: o gráfico de espaguete.

Se você não tem certeza se já viu um gráfico de espaguete, aposto que sim. Um gráfico de espaguete é um gráfico de linhas no qual as linhas se sobrepõem muito, tornando difícil focar uma série de dados por vez. Eles se parecem com a Figura 9.21.

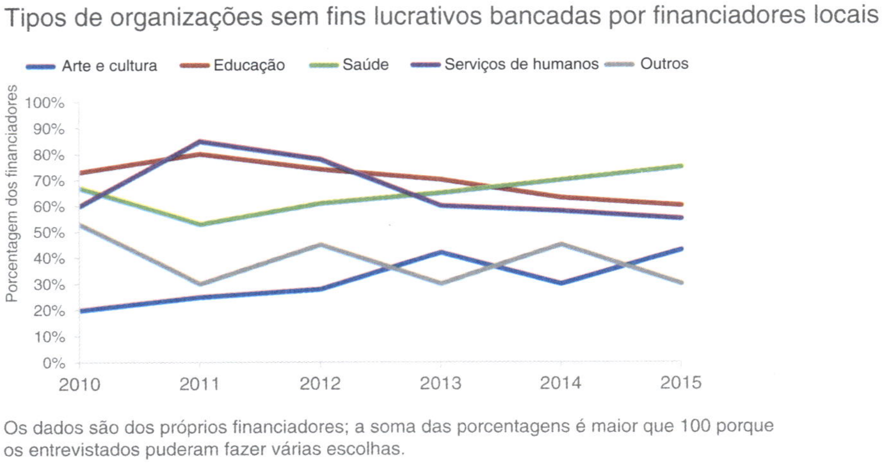

FIGURA 9.21 O gráfico espaguete

Gráficos como o da Figura 9.21 são conhecidos como gráficos espaguete porque parece que alguém pegou um punhado de talharim cru e jogou no chão. E são quase tão informativos quanto o talharim aleatório seria …

o que quer dizer …

nem um pouco informativos.

Note como é difícil se concentrar em uma única linha nessa bagunça, graças e todo o entrecruzado e porque muita coisa está competindo por sua atenção.

Existem algumas estratégias para pegar um gráfico que seria de espaguete e dar mais sentido visual aos dados. Vou abordar três delas e mostrá-las aplicadas de duas maneiras diferentes aos dados representados na Figura 9.21, a qual mostra tipos de organizações sem fins lucrativos bancadas por financiadores em determinado local. Primeiro, vamos ver uma estratégia que você deve conhecer a esta altura: usar atributos pré-atentivos para enfatizar uma linha por vez. Depois disso, vamos examinar duas visões que separam as linhas espacialmente. Por último, vamos ver uma estratégia combinada que aproveita elementos dessas duas primeiras.

Enfatize uma linha por vez

Um modo de impedir que o gráfico espaguete se torne visualmente opressivo é usar atributos pré-atentivos a fim de chamar a atenção para uma linha por vez. Por exemplo, poderíamos fazer nosso público focalizar o aumento percentual dos financiadores que fazem doações no decorrer do tempo para organizações sem fins lucrativos voltadas à saúde. Veja a Figura 9.22.

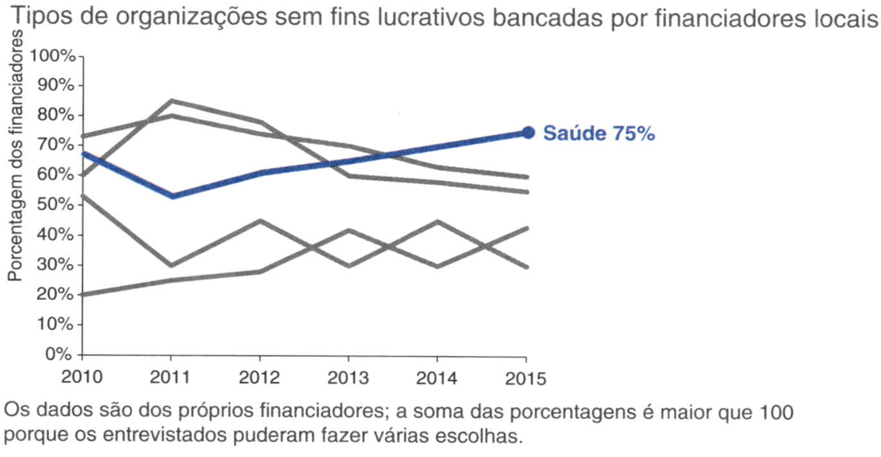

FIGURA 9.22 Enfatize uma única linha

Ou então, poderíamos usar a mesma estratégia para enfatizar a diminuição na porcentagem de financiadores que fazem doações para organizações sem fins lucrativos relacionadas à educação. Veja a Figura 9.23.

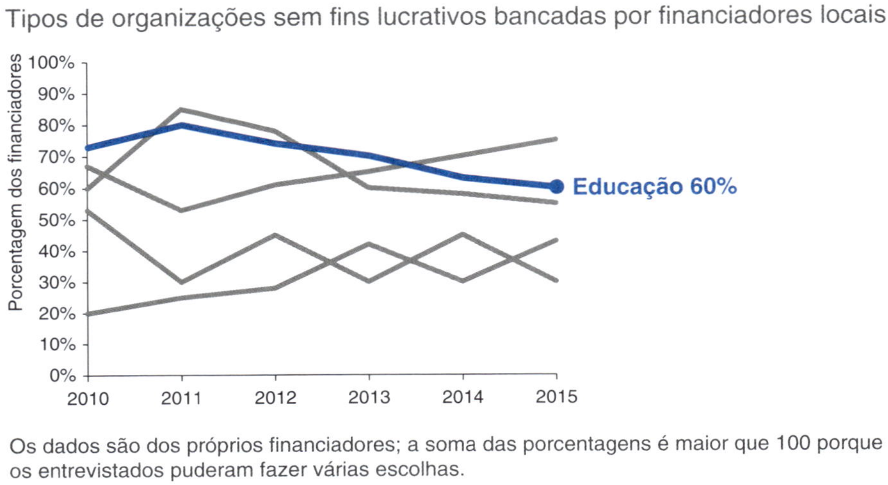

FIGURA 9.23 Enfatize outra linha única

Nas Figuras 9.22 e 9.23, cor, espessura de linha e marcas adicionadas (o marcador e a legenda de dados) atuam como dicas visuais para chamar a atenção para onde queremos que nosso público se concentre. Essa estratégia pode funcionar bem em uma apresentação ao vivo, na qual você explica os detalhes do gráfico uma vez (como vimos nos estudos de caso recentes) e, então, percorre as várias séries de dados dessa maneira, destacando o que é interessante ou ao que se deve prestar atenção e por quê. Note que precisamos dessa "narrativa oculta" ou da adição de texto para tornar claro o motivo de estarmos realçando determinados dados e fornecer a história para nosso público.

Separe espacialmente

Podemos desembaraçar o gráfico espaguete separando as linhas vertical ou horizontalmente. Primeiro, vamos ver uma versão na qual as linhas são separadas verticalmente. Veja a Figura 9.24.

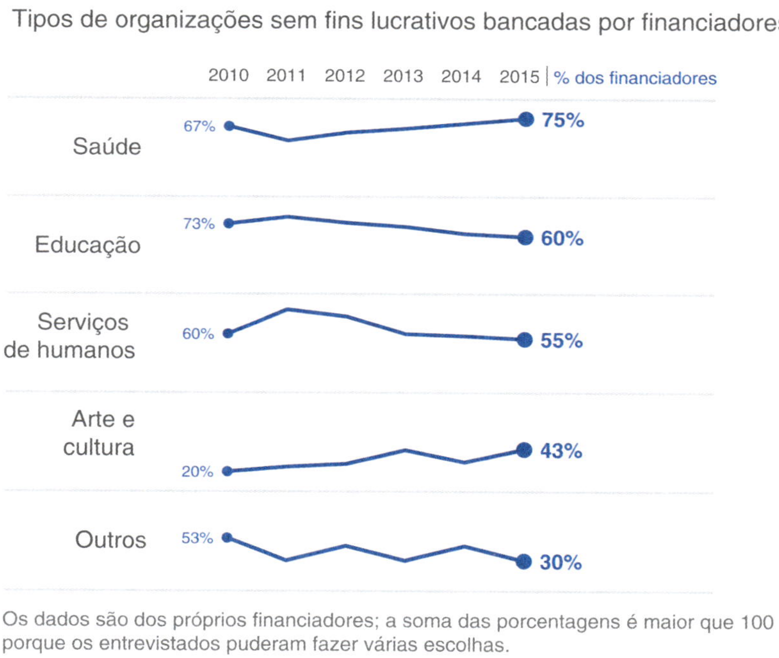

FIGURA 9.24 Separe as linhas verticalmente

Na Figura 9.24, o mesmo eixo *x* (ano, mostrado em cima) é aproveitado em todos os gráficos. Nessa solução, criei cinco gráficos separados, mas os organizei de tal modo que parecem ser um único gráfico. O eixo *y* dentro de cada gráfico não é mostrado; em vez disso, as legendas de ponto inicial e final se destinam a fornecer contexto suficiente para que o eixo seja desnecessário. Embora não sejam mostrados, é importante que o mínimo e o máximo do eixo *y* sejam os mesmos para cada gráfico, a fim de que o público possa comparar a posição relativa de cada linha ou ponto dentro do espaço dado. Se você os reduzisse, eles pareceriam com o que Edward Tufte chama de "sparklines" (um gráfico de linhas muito pequeno, normalmente desenhado sem eixo nem coordenadas para mostrar a forma geral dos dados; *Beautiful Evidence*, 2006).

Essa estratégia presume que a capacidade de ver a tendência de determinada categoria (Saúde, Educação etc.) é mais importante do que comparar os valores nas categorias. Se esse não for o caso, podemos pensar em separar os dados horizontalmente, como ilustrado na Figura 9.25.

Tipos de organizações sem fins lucrativos bancadas por financiadores locais

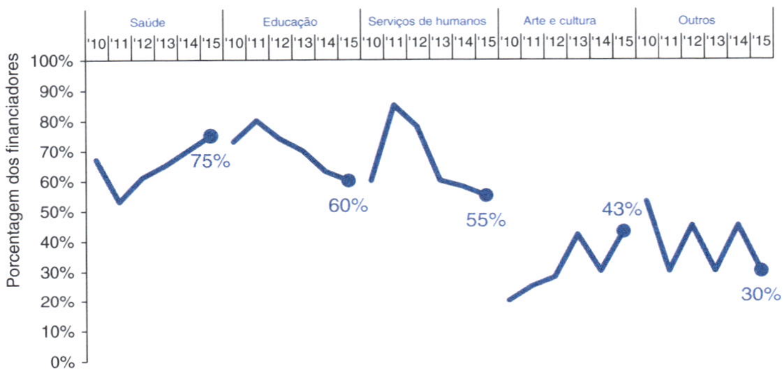

Os dados são dos próprios financiadores; a soma das porcentagens é maior que 100 porque os entrevistados puderam fazer várias escolhas.

FIGURA 9.25 Separe as linhas horizontalmente

Enquanto na Figura 9.24 aproveitamos o eixo *x* (anos) nas cinco categorias, na Figura 9.25 aproveitamos o mesmo eixo *y* (porcentagem de financiadores). Aqui, a altura relativa das várias séries de dados permite que sejam mais facilmente comparadas. Podemos ver rapidamente que a porcentagem de financiadores mais alta em 2015 fez doações para Saúde, uma porcentagem mais baixa para Educação, uma ainda mais baixa para Serviços Humanos e assim por diante.

Estratégia combinada

Outra opção é combinar as estratégias descritas até aqui. Podemos separar espacialmente *e* enfatizar uma linha por vez, enquanto deixamos as outras lá para comparação, mas as colocamos em segundo plano. Como na estratégia anterior, podemos fazer isso separando as linhas verticalmente (Figura 9.26) ou horizontalmente (Figura 9.27).

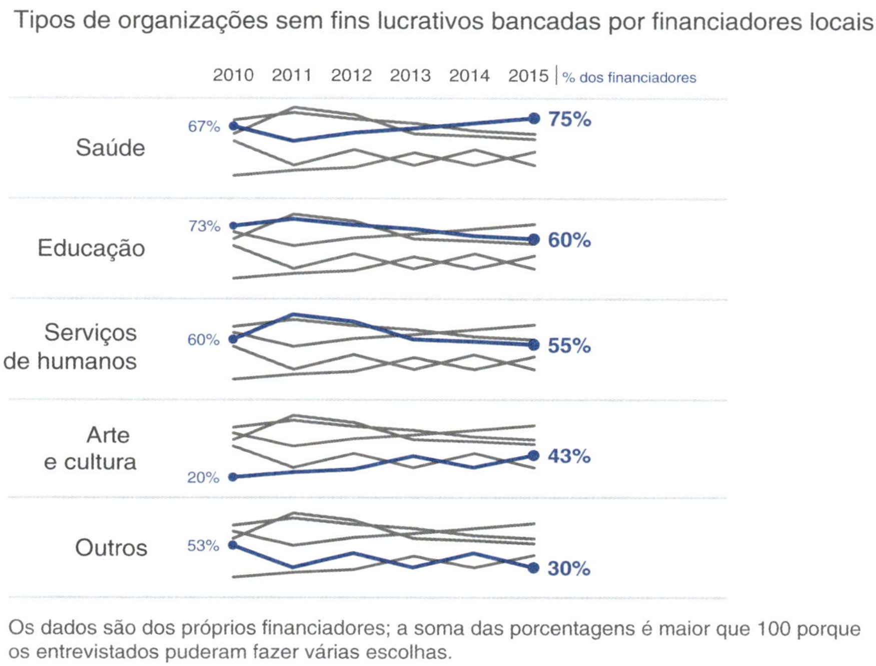

FIGURA 9.26 Estratégia combinada, com separação vertical

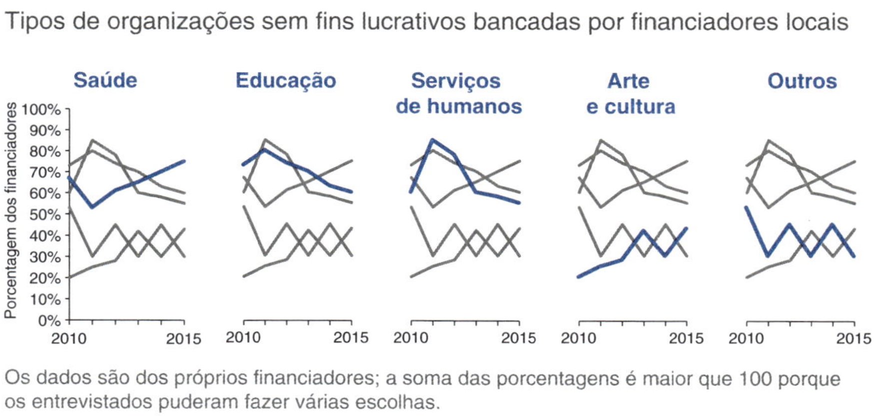

FIGURA 9.27 Estratégia combinada, com separação horizontal

Ter vários gráficos pequenos reunidos, como mostrado na Figura 9.27, às vezes é referido como "pequenos múltiplos". Como já mencionado, aqui é imperativo que os detalhes de cada gráfico (o mínimo e o máximo do eixo *x* e do eixo *y*) sejam os mesmos, para que o público possa comparar rapidamente a série destacada entre os vários gráficos.

Essa estratégia, mostrada nas Figuras 9.26 e 9.27, pode funcionar bem se o contexto do conjunto de dados inteiro é importante, mas você quer focalizar uma linha por vez. Por causa da densidade da informação, essa estratégia combinada pode funcionar melhor para um relatório ou apresentação que vai ser distribuída ao público do que em uma apresentação ao vivo, onde será mais desafiador direcionar seu público para onde você quer que ele olhe.

Como frequentemente acontece, não existe uma única resposta "certa". A solução que vai funcionar melhor variará de acordo com a situação. A metalição é: se você se deparar com um gráfico espaguete, não pare aí. Pense em qual informação você mais quer transmitir, qual história quer contar e quais mudanças no visual poderiam ajudá-lo a fazer isso eficientemente. Note que, em alguns casos, isso pode significar mostrar menos dados. Pergunte-se: eu preciso de todas as categorias? De todos os anos? Quando apropriado, reduzir o volume de dados mostrados também pode facilitar o desafio de representar dados em gráfico, como os mostrados neste exemplo.

ESTUDO DE CASO 5: Alternativas às pizzas

Lembre-se do cenário que discutimos no Capítulo 1, do curso de verão sobre ciências. Para refrescar sua memória: você acabou de concluir um programa-piloto sobre ciências, destinado a melhorar as percepções sobre a área entre crianças do 2º e 3º anos do ensino básico. Você fez uma avaliação no início e no final do curso, e quer usar esses dados como evidência do sucesso do programa-piloto em seu pedido de financiamento futuro. A Figura 9.28 mostra a primeira tentativa de colocar esses dados em um gráfico.

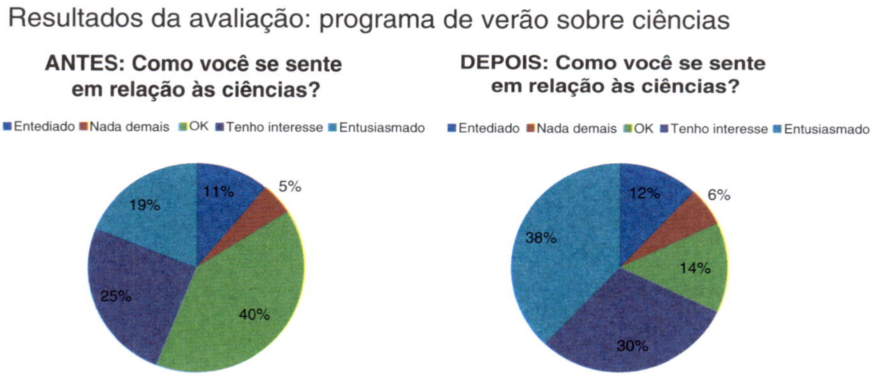

FIGURA 9.28 Visual original

Os dados da avaliação demonstram que, de acordo com o sentimento melhorado em relação às ciências, o programa-piloto foi um grande sucesso. Ao entrar no programa, o maior segmento dos alunos (40%, a fatia mais clara na Figura 9.28, à esquerda) achava ciências apenas "OK" — talvez não tivessem uma opinião formada sobre o assunto. No entanto, depois do programa (Figura 9.28, à direita), vemos que os 40% em verde são reduzidos a 14%. "Entediado" (azul) e "Nada demais" (vermelho) subiram um ponto percentual cada, mas a maior parte da mudança foi em uma direção positiva. Depois do programa, quase 70% das crianças (segmentos violeta e azul-esverdeado) expressaram algum grau de interesse nas ciências.

A Figura 9.28 presta um grande desserviço a essa história. Compartilhei minha visão desfavorável em relação aos gráficos de pizza no Capítulo 2; assim, espero que esse julgamento não surpreenda. Sim, você pode chegar à história a partir da Figura 9.28, mas precisa trabalhar para isso e superar a irritação de tentar comparar segmentos entre duas pizzas. Como já discutimos, queremos limitar ou eliminar o trabalho que seu público tem de chegar à informação, e certamente não queremos irritá-lo. Podemos evitar tais desafios escolhendo um modelo de apresentação diferente.

Vamos ver quatro alternativas para exibir esses dados — mostrar os números diretamente, gráfico de barras simples, gráfico de barras horizontais empilhadas e gráfico de inclinação — e discutir algumas considerações sobre cada uma.

Alternativa 1: mostrar os números diretamente

Se a melhora no sentimento positivo é a principal mensagem que queremos transmitir ao nosso público, podemos pensar em tornar essa a única informação a comunicar. Veja a Figura 9.29.

O programa-piloto foi um sucesso

Após o programa-piloto,

68%

das crianças expressaram interesse nas ciências,
comparados aos 44% ao entrarem no programa.

Baseado na avaliação de 100 alunos realizada antes e depois do programa-piloto (taxa de resposta de 100% nas duas avaliações)

FIGURA 9.29 Mostre os números diretamente

Muito frequentemente, achamos que precisamos incluir todos os dados e ignorar a simplicidade e o poder de nos comunicarmos com apenas um ou dois números diretamente, como demonstrado na Figura 9.29. Dito isso, se você achar que precisa mostrar mais, examine uma das alternativas a seguir.

Alternativa 2: gráfico de barras simples

Quando você quer comparar duas coisas, geralmente deve colocá-las o mais próximas possível e alinhá-las ao longo de uma linha de base comum para facilitar essa comparação. O gráfico de barras simples faz isso, alinhando as respostas de Antes e Depois da avaliação, com uma linha de base uniforme na parte inferior do gráfico. Veja a Figura 9.30.

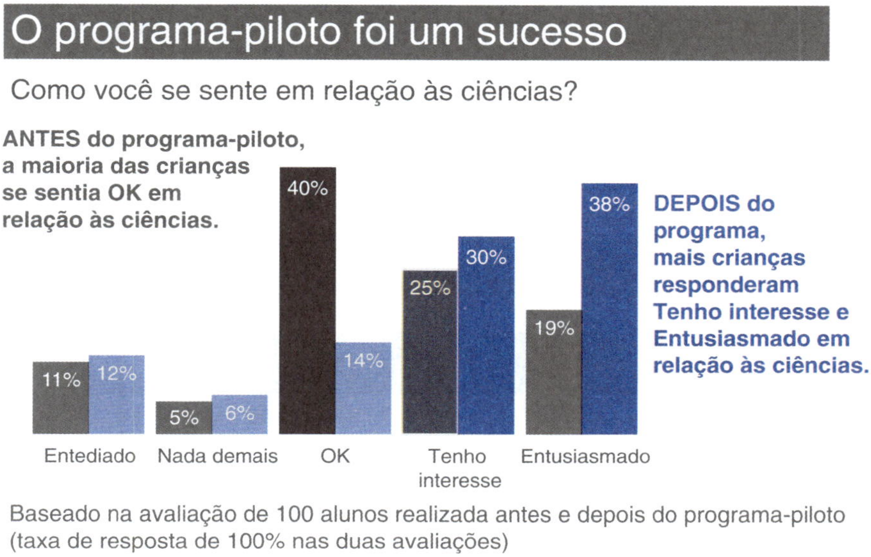

FIGURA 9.30 Gráfico de barras simples

Sou parcial nessa visão para este exemplo específico, porque o layout possibilita colocar as caixas de texto diretamente ao lado dos pontos de dados que descrevem (note que outros dados estão lá para contextualizar, mas são ligeiramente colocados em segundo plano por meio do uso de tons mais claros). Além disso, tendo Antes e Depois como principal classificação, posso limitar o visual a duas cores, como preto e azul, ao passo que três tonalidades serão usadas nas alternativas a seguir.

Alternativa 3: Gráfico de barras horizontais empilhadas a 100%

Quando o conceito de parte do todo é importante (algo que você não consegue com a Alternativa 1 ou 2), o gráfico de barras horizontais empilhadas a 100% consegue isso. Veja a Figura 9.31. Aqui, você tem uma linha de base uniforme para usar na comparação, à esquerda e à direita do gráfico. Isso permite que o público compare facilmente os segmentos negativos, à esquerda, e os segmentos positivos, à direita, nas duas barras e, por isso, é uma maneira útil de visualizar dados de pesquisa em geral.

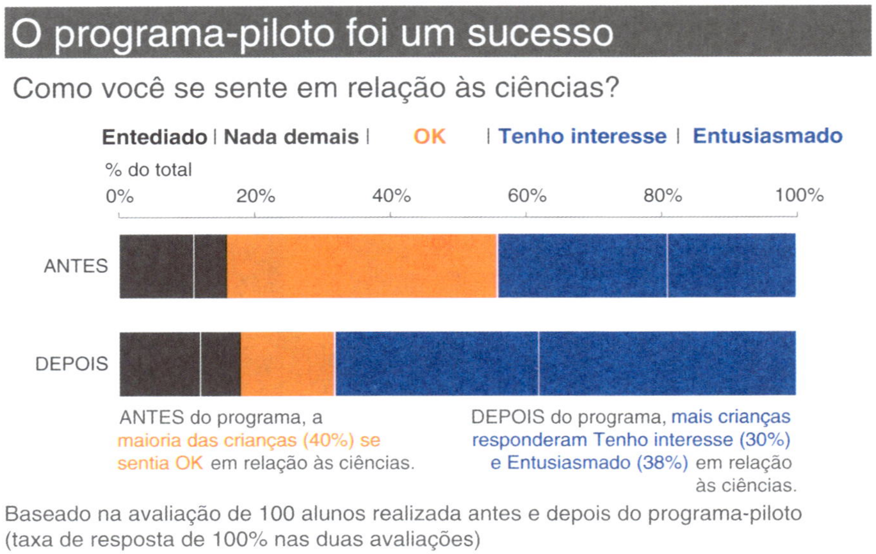

FIGURA 9.31 Gráfico de barras horizontais empilhadas a 100%

Na Figura 9.31, optei por manter as legendas do eixo *x*, em vez colocar legendas de dados diretamente nas barras. Eu tendo a fazer isso quando uso barras empilhadas a 100%, a fim de usar a escala da parte superior para ler da esquerda para a direita ou da direita para a esquerda. Neste caso, isso nos permite atribuir números para a mudança de Antes para Depois na extremidade negativa da escala ("Entediado" e "Nada demais") *ou* da direita para a esquerda, fazendo o mesmo para a extremidade positiva ("Tenho interesse" e "Entusiasmado"). No gráfico de barras simples mostrado antes (Figura 9.30), optei por omitir o eixo e legendar as barras diretamente. Isso ilustra como diferentes visões de seus dados podem levá-lo a diferentes escolhas de design. Pense sempre em como quer que seu público use o gráfico e faça suas escolhas de design de forma correspondente: diferentes escolhas farão sentido em diferentes situações.

Alternativa 4: gráfico de inclinação

A última alternativa que vou apresentar aqui é o gráfico de inclinação. Como no caso do gráfico de barras simples, nesta visão você não tem uma ideia clara de haver um todo e, assim, partes de um todo (como acontecia na pizza inicial ou nas barras horizontais empilhadas a 100%). Além disso, se for importante ordenar suas categorias de determinada maneira, um gráfico de inclinação nem sempre será ideal, pois as várias categorias são colocadas de acordo com os respectivos valores de dados. No lado direito da Figura 9.32, você tem a extremidade positiva da escala na parte superior, mas note que "Entediado" e "Nada demais", na parte inferior, estão trocados em relação a como apareciam em uma escala ordinal, por causa dos valores correspondentes a esses pontos. Se precisar impor a ordem das categorias, use o gráfico de barras simples ou o gráfico de barras empilhadas a 100%, no qual isso pode ser controlado.

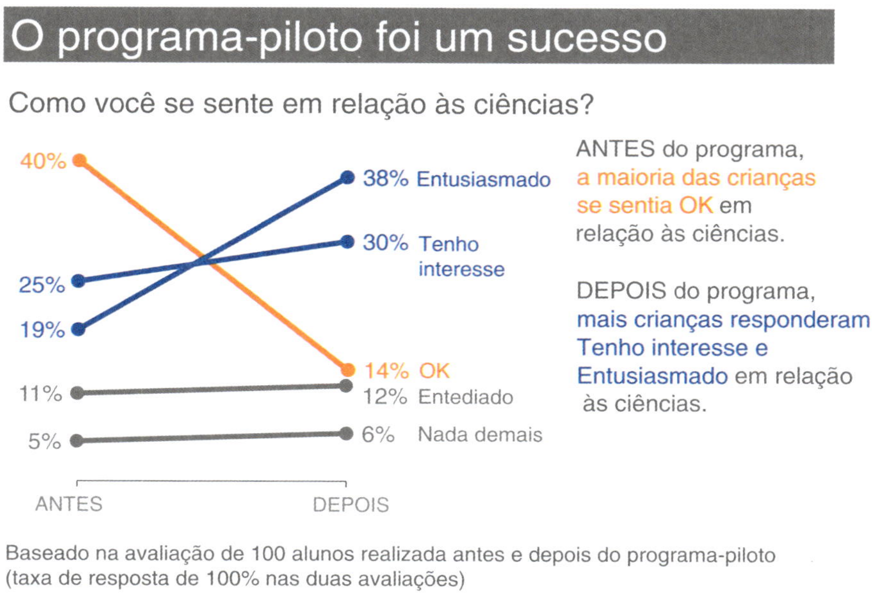

FIGURA 9.32 Gráfico de inclinação

Com o gráfico de inclinação da Figura 9.32, você pode ver a mudança percentual de Antes e Depois para cada categoria, por meio da inclinação da respectiva linha. É fácil ver rapidamente que a categoria que mais aumentou foi "Entusiasmado" (devido à inclinação pronunciada) e que a categoria que declinou acentuadamente foi "OK". O gráfico de inclinação também fornece clara ordem visual das categorias, da maior para a menor (via seus respectivos pontos no espaço, de cima para baixo, nos lados esquerdo e direito do gráfico).

Qualquer uma dessas alternativas pode ser a melhor escolha, dada a situação específica, como você deseja que seu público interaja com a informação e qual ponto (ou pontos) quer enfatizar. A grande lição aqui é que você tem várias alternativas às pizzas que podem ser mais eficazes para explicar seu ponto.

Encerramento

Neste capítulo, discutimos considerações e soluções para enfrentar desafios comuns na comunicação visual com dados. Inevitavelmente, você encontrará desafios de visualização de dados dos quais não tratamos. Há muito a ser aprendido do pensamento crítico envolvido na solução de alguns desses cenários, assim como da própria "resposta". Conforme discutimos, na visualização de dados raramente há um único caminho ou solução correta.

Ainda mais exemplos

Para mais estudos de caso como os que consideramos aqui, veja meu blog, em storytellingwithdata.com, em inglês, onde você encontrará vários exemplos de "antes e depois" que utilizam as lições que aprendemos.

Quando você se encontrar em uma situação na qual não tem certeza de como proceder, quase sempre recomendo a mesma estratégia: considere seu público. O que você precisa que ele saiba ou faça? Que história pretende contar a ele? Frequentemente, respondendo a essas perguntas, um bom caminho para como apresentar seus dados se tornará claro. Caso contrário, tente várias visões e busque opiniões.

Meu desafio para você é considerar como pode aplicar todas as lições que aprendemos e suas habilidades de pensamento crítico nos diversos e variados problemas de visualização de dados que encontrar. A responsabilidade — e a oportunidade — de contar uma história com dados é sua.

capítulo dez

considerações finais

A visualização de dados — e a comunicação com dados em geral — situa-se na intersecção entre a ciência e a arte. Certamente há ciência nisso: melhores práticas e diretrizes a seguir, conforme discutimos ao longo deste livro. Mas também há um componente artístico. Esse é um dos motivos dessa área ser tão divertida. Ela é inerentemente diversificada. Diferentes pessoas encararão as coisas de maneiras variadas e sugerirão soluções distintas para o mesmo desafio de visualização de dados. Conforme discutimos, não há uma única resposta "certa". Frequentemente existem muitos caminhos possíveis para a comunicação eficaz com dados. Aplique as lições abordadas neste livro para forjar o *seu* caminho, com o objetivo de usar sua licença artística para facilitar o entendimento da informação por seu público.

Você aprendeu o bastante neste livro para se preparar para o sucesso na comunicação eficiente com dados. Neste último capítulo, vamos discutir algumas dicas sobre onde ir a partir daqui e estratégias para aprimorar a capacidade de storytelling com dados em sua equipe e em sua empresa. Por fim, vamos recapitular as principais lições abordadas e o deixaremos ávido e pronto para contar histórias com dados.

Para onde ir a partir daqui

Ler sobre storytelling com dados eficaz é uma coisa. Mas como você transforma o que aprendemos em aplicação prática? O modo simples de ficar bom nisso é *fazendo*: praticar, praticar e praticar mais um pouco. Procure oportunidades em seu trabalho para aplicar as lições que aprendemos. Note que não precisa ser uma questão de tudo ou nada — um modo de avançar é por meio de melhorias progressivas em um trabalho já existente ou em andamento. Pense também em quando você poderá usar todo o processo de storytelling com dados que abordamos.

Agora quero revisar todo nosso relatório mensal!

Você provavelmente vê os gráficos de forma diferente do que via no início de nossa jornada. Repensar o modo como você visualiza dados é ótimo. Mas não deixe que objetivos ambiciosos demais oprimam e atrapalhem o progresso. Pense em quais melhorias progressivas você pode fazer, enquanto trabalha para atingir o nirvana do storytelling com dados. Por exemplo, se você está pensando em reformular seus relatórios regulares, um passo intermediário poderia ser começar a considerá-los como apêndices. Deixe os dados lá, para referência, mas coloque-os para trás a fim de que não atrapalhem a mensagem principal. Insira alguns slides ou uma nota de capa na frente e use isso para extrair as histórias interessantes, aproveitando as lições de storytelling com dados que abordamos. Assim, você pode focar mais facilmente seu público nas histórias importantes e nas ações resultantes.

Para alguns passos concretos e específicos sobre onde ir a partir daqui, vou descrever cinco dicas finais: conheça bem suas ferramentas, itere e busque opiniões, deixe tempo suficiente para essa parte do processo, busque inspiração em outras pessoas e — por último — divirta-se ao fazer isso! Vamos discutir cada uma delas.

Dica 1: conheça bem suas ferramentas

Geralmente eu evito discutir ferramentas, pois as lições que abordamos são básicas e podem ser aplicadas em diversos graus, em qualquer ferramenta (por exemplo, Excel ou Tableau). Não deixe que suas ferramentas sejam um fator limitante na comunicação eficiente com dados. Escolha uma e conheça-a o melhor que puder. Quando estiver começando a usá-la, um curso para conhecer os fundamentos pode ser útil. Contudo, minha experiência diz que a melhor maneira de aprender uma ferramenta é usando-a. Quando não descobrir como fazer algo, não desista. Continue a mexer no programa e procure soluções no Google. Toda frustração que você tiver valerá a pena quando dominar sua ferramenta!

Você não precisa de ferramentas sofisticadas para visualizar bem os dados. Todos os exemplos que vimos neste livro foram criados no Microsoft Excel, o qual considero o mais difundido quando se trata de análise comercial.

Embora eu use principalmente o Excel para visualização de dados, essa não é sua única opção. Existem muitas ferramentas no mercado. A seguir há um resumo muito rápido de algumas das ferramentas conhecidas, atualmente usadas para criar visualizações de dados como as que examinamos:

- Planilhas do **Google** são gratuitas, online e podem ser compartilhadas, permitindo que várias pessoas editem (quando esta obra estava sendo produzida ainda havia restrições na formatação de gráficos, o que tornava desafiador aplicar algumas das lições que abordamos sobre dessaturar e chamar a atenção para onde você quer).
- **Tableau** é uma conhecida solução de visualização de dados pronta para uso que pode ser ótima para análise exploratória, pois permite criar rapidamente várias visões e gráficos de boa aparência a partir de seus dados. Pode ser usada para análise explicativa por meio do recurso Story Points. Custa caro, embora esteja disponível uma opção gratuita, Tableau Public, se não for problema carregar seus dados em um servidor público.
- Linguagens de programação — como **R, D3** (JavaScript), **Processing** e **Python** — têm uma curva de aprendizado mais pronunciada, mas permitem maior flexibilidade, pois você pode controlar os elementos específicos dos gráficos que cria e repetir essas especificações por meio de código.

- Algumas pessoas usam **Adobe Illustrator**, sozinho, junto com gráficos criados em um aplicativo como o Excel ou por meio de uma linguagem de programação para facilitar a manipulação dos elementos do gráfico e obter aparência e comportamento profissionais.

Como uso o PowerPoint

Para mim, o PowerPoint é apenas o mecanismo que me permite organizar um folheto ou apresentar no telão.

Quase sempre começo com um slide em branco e não uso os marcadores internos que facilmente transformam conteúdo de apresentação em teleprompter.

É possível construir gráficos diretamente no PowerPoint; contudo, tendo a não fazer isso. Há maior flexibilidade no Excel (no qual, além do gráfico, você também pode ter alguns elementos de um gráfico — por exemplo, títulos ou legendas de eixo — diretamente na células, o que às vezes é útil). Por isso, crio meu visuais no Excel e, então, copio e colo como imagem no PowerPoint. Se estou usando texto junto com um gráfico — por exemplo, para chamar a atenção para um ponto específico —, normalmente faço isso por meio de uma caixa de texto no PowerPoint.

O recurso de animação do PowerPoint pode ser útil para o desenvolvimento de uma história com iterações do mesmo visual, como mostrado no Capítulo 8 ou em alguns dos estudos de caso do Capítulo 9. Quando usar animação no PowerPoint, use somente Aparecer ou Desaparecer simples (em alguns casos, Transparência também pode ser útil); evite qualquer animação que faça os elementos aparecerem ou desaparecerem gradualmente — isso é o equivalente dos gráficos em 3D para software de apresentação: desnecessário e atrapalha!

Outra ferramenta básica essencial para visualização de dados, que não incluí na lista anterior, é o **papel** — o que me leva à minha próxima dica.

Dica 2: itere e busque opiniões

Eu apresentei o processo do storytelling com dados como um caminho linear. Na realidade, isso não acontece frequentemente. É preciso iterações para ir das ideias iniciais para uma solução final. Quando o melhor percurso para visualizar certos dados não estiver claro, comece com uma folha de papel em branco. Isso permite esboçar as ideias sem as restrições de suas ferramentas ou do que você sabe fazer com elas. Esboce possíveis visões para colocá-las lado a lado e determinar qual funcionará melhor para explicar sua mensagem ao seu público. Acho que estabelecemos menos vínculos com o produto de nosso trabalho — o que pode facilitar a iteração — quando estamos trabalhando no papel, não em nossos computadores. Também há algo libertador em desenhar no papel em branco, o que pode facilitar a identificação de novas abordagens, se você estiver se sentindo preso. Uma vez esboçada sua estratégia básica, considere o que você tem à disposição — ferramentas ou especialistas internos ou externos — para criar o visual.

Ao criar sua apresentação em um aplicativo de geração de gráficos (por exemplo, o Excel) e refinar para ir do bom ao ótimo, você pode usar o que chamo de "estratégia do optometrista". Crie uma versão do gráfico (vamos chamá-la de A), faça uma cópia dela (B) e realize uma única alteração. Então, determine o que parece melhor — A ou B. Frequentemente, a prática de ver pequenas variações uma ao lado da outra torna rapidamente claro qual visão é superior. Continue assim, preservando o "melhor" gráfico mais recente e fazendo pequenas modificações em uma cópia (a fim de que você sempre possa ter a versão anterior, para voltar a ela caso a modificação a piore) até a versão ideal.

Em qualquer ponto, se o melhor caminho não estiver claro, busque opiniões. O novo olhar que um amigo ou colega possa ter em relação ao trabalho de visualização de dados é valioso. Mostre sua apresentação a mais alguém e peça para dizer a você como foi o processo mental: o que chama a atenção, quais observações faz, quais perguntas tem e quais ideias pode ter para melhor explicar seu ponto. Essas constatações permitirão que você saiba se o gráfico que criou está correto ou, se não estiver, dará uma ideia de onde fazer mudanças e focalizar a iteração continuada.

Com relação à iteração, há algo que talvez você precise mais do que tudo para ter sucesso: *tempo*.

Dica 3: dedique tempo ao storytelling com dados

Tudo que discutimos neste livro exige tempo. É necessário tempo para ter um entendimento sólido do contexto, tempo para saber o que motiva nosso público, tempo para elaborar a história de três minutos e formar a Grande Ideia. É preciso tempo para ver os dados de diferentes modos e determinar como é melhor mostrá-los. Tempo para organizar, chamar a atenção, iterar, buscar opiniões e iterar mais algumas vezes para criar um visual eficaz. Leva tempo reunir tudo em uma história e formar uma narrativa coesa e cativante.

Leva ainda mais tempo fazer tudo isso bem.

Uma de minhas maiores dicas para ter sucesso no storytelling com dados é reservar tempo adequado para isso. Se não reconhecermos conscientemente que leva tempo para fazer isso bem e ter um orçamento correspondente, nosso tempo poderá ser totalmente consumido pelas outras partes do processo analítico. Pense no processo analítico típico: você começa com uma pergunta ou hipótese, então coleta os dados, depois limpa os dados e os analisa. Depois disso tudo, pode ser tentador simplesmente colocar os dados em um gráfico e dizer que está "pronto".

Mas, com essa estratégia, não estamos fazendo justiça conosco — nem com nossos dados. As configurações padrão de nosso aplicativo de geração de gráficos normalmente estão longe do ideal. Nossas ferramentas não conhecem a história que queremos contar. Combine essas duas coisas e você correrá o risco de perder grande parte do valor em potencial — incluindo a oportunidade de estimular a ação e fazer mudanças —, se não dedicar o tempo adequado a essa etapa final do processo analítico: a etapa da comunicação. Essa é a única parte do processo inteiro que seu público *vê*. Dedique tempo a essa importante etapa. Espere demorar mais do que imagina, a fim de deixar tempo suficiente para iterar e fazer a coisa certa.

Dica 4: busque inspiração por meio de bons exemplos

A imitação é realmente o melhor elogio. Se você vir uma visualização de dados ou um exemplo de storytelling com dados de que goste, pense em como poderia adaptar a abordagem para seu próprio uso. Reflita sobre o que a torna eficaz. Faça uma cópia dela e crie uma biblioteca visual que você possa complementar no decorrer do tempo e consultar para buscar inspiração. Imite os bons exemplos e estratégias que vir.

Dito de uma forma mais provocativa— imitação *é algo bom.* Aprendemos imitando os especialistas. É por isso que você vê pessoas com seus cadernos de desenho e cavaletes nos museus de arte — eles estão interpretando trabalhos notáveis. Meu marido me diz que, enquanto aprende a tocar jazz no saxofone, pode ouvir os mestres repetidamente — às vezes limitando-se a um único compasso, tocado em velocidade mais lenta, que pratica até conseguir repetir as notas perfeitamente. Essa ideia de usar excelentes exemplos como arquétipo para aprender se aplica também à visualização de dados.

Existem vários blogs e recursos ótimos sobre o tema da visualização de dados e comunicação com dados, contendo muitos exemplos bons. Estes são alguns de meus favoritos pessoais atuais (incluindo o meu! - todos em inglês):

- **Eager Eyes** (eagereyes.org, Robert Kosara): conteúdo cuidadoso sobre visualização de dados e storytelling visual.
- **FiveThirtyEight's Data Lab** (fivethirtyeight.com/datalab, vários autores): gosto do estilo gráfico tipicamente minimalista sobre uma grande variedade de notícias e eventos atuais.
- **Flowing Data** (flowingdata.com, Nathan Yau): a participação no grupo dá direito a conteúdo premium, mas também há muitos exemplos de visualização de dados gratuitos e excelentes.
- **The Functional Art** (thefunctionalart.com, Alberto Cairo): uma introdução às imagens gráficas e à visualização de informações, com posts concisos destacando conselhos e exemplos.
- **The Guardian Data Blog** (theguardian.com/data, vários autores): dados relacionados a notícias, frequentemente com artigo e visualizações acompanhantes, da agência de notícias britânica.
- **HelpMeViz** (HelpMeViz.com, Jon Schwabish): "Ajudando as pessoas com visualizações cotidianas", este site permite submeter um visual para receber opiniões dos leitores ou buscar exemplos e as conversas correspondentes nos arquivos.
- **Junk Charts** (junkcharts.typepad.com, Kaiser Fung): do auto-proclamado "primeiro dado sabidamente crítico da web", focaliza o que faz elementos gráficos funcionarem e como melhorá-los.
- **Make a Powerful Point** (makeapowerfulpoint.com, Gavin McMahon): conteúdo divertido e de fácil compreensão sobre criação e como fazer apresentações e apresentar dados.

- **Perceptual Edge** (perceptualedge.com, Stephen Few): conteúdo prático sobre visualização de dados para racionalização e comunicação.
- **Visualising Data** (visualisingdata.com, Andy Kirk): descreve o desenvolvimento da área de visualização de dados, com uma excelente lista de recursos mensal "melhores visualizações da web".
- **VizWiz** (vizwiz.blogspot.com, Andy Kriebel): melhores práticas na visualização de dados, métodos para melhorar um trabalho existente e dicas e truques para usar o Tableau Software.
- **storytelling with data** (storytellingwithdata.com): meu blog enfoca a comunicação eficaz com dados e contém muitos exemplos, remodelações visuais e diálogo permanente.

Isso é apenas uma amostra. Existe muito conteúdo bom por aí. Eu continuo a aprender com outras pessoas que são ativas nesse espaço e estão fazendo um ótimo trabalho. Você também pode!

Aprenda também com exemplos não tão bons

Muitas vezes, você pode aprender tanto com exemplos ruins de visualização de dados — o que não fazer — quanto com os que são eficazes. Há tantos gráficos ruins que existem sites inteiros para melhorá-los, criticá-los e debochar deles. Para um exemplo divertido, veja WTF Visualizations (wtfviz.net), conteúdo inglês, no qual o conteúdo é descrito simplesmente como "visualizações que não fazem sentido". Eu o desafio não somente a reconhecer, quando encontrar um exemplo ruim de visualização de dados, mas também a refletir por que não é ideal e como poderia ser melhorado.

Agora você consegue ter discernimento quando se trata de exibição visual de informações. Nunca mais você verá um gráfico da mesma forma. Um participante de um workshop me disse que está "arruinado" — ele não pode encontrar uma visualização de dados sem aplicar suas novas lentes para avaliar a eficácia. Gosto de ouvir essas histórias, pois significam que estou fazendo progresso em meu objetivo de livrar o mundo de gráficos ineficientes. Você foi arruinado dessa mesma maneira, mas isso é bom! Continue a aprender e a usar os aspectos dos bons exemplos que vir, enquanto evita as armadilhas dos ruins, quando começar a criar seu próprio estilo de visualização de dados.

Dica 5: divirta-se e encontre seu estilo

Quando a maioria das pessoas pensa em dados, uma das coisas mais distantes de suas mentes é a criatividade. Mas dentro da visualização de dados certamente existe espaço para a criatividade. Dados podem ser extremamente belos. Não tenha medo de experimentar novas abordagens e brincar um pouco. Ao longo do tempo, você vai continuar a aprender o que funciona e o que não funciona.

Você também pode desenvolver um estilo de visualização de dados pessoal. Por exemplo, meu marido diz que consegue reconhecer as apresentações que criei ou influenciei. A não ser que a marca de um cliente exija algo, eu tendo a fazer tudo em tons de cinza e uso azul moderadamente, em um estilo minimalista, quase sempre com fonte Arial (gosto dela!). Isso não significa que sua estratégia deva imitar esses detalhes específicos para ter sucesso. Meu estilo evoluiu com base em preferências pessoais e aprendizado por meio de tentativa e erro — testes com diferentes fontes, cores e elementos de gráfico. Posso me lembrar de um exemplo particularmente infeliz que incorporava um fundo de gráfico em tons cinza claro e muitas tonalidades de laranja. Percorri um longo caminho!

Desde que faça sentido para a tarefa em questão, não tenha medo de deixar seu próprio estilo se desenvolver e sua criatividade aflorar ao comunicar com dados. Marcas de empresas também influenciam o desenvolvimento do estilo na visualização de dados; considere a marca de sua empresa e se existem oportunidades de modificá-la para o modo como você visualiza e se comunica com dados. Apenas certifique-se de que sua abordagem e seus elementos estilísticos estejam facilitando a informação — não dificultando — para seu público absorver.

Agora que vimos algumas dicas específicas para *você* seguir, vamos examinar algumas ideias para desenvolver competência em storytelling com dados em outras pessoas.

Desenvolva competência em storytelling com dados em sua equipe ou empresa

Acredito piamente que qualquer um pode aprimorar sua capacidade de se comunicar com dados aprendendo e aplicando as lições que abordamos. Dito isso, alguns terão mais interesse e aptidão natural que outros nesse espaço. Quando se trata de ser eficaz na comunicação com dados em sua equipe ou em seu empresa, existem algumas estratégias em potencial a considerar: melhorar a competência de todos, investir em um especialista ou terceirizar essa parte do processo. Vamos discutir brevemente cada uma delas.

Melhorar a competência de todos

Conforme discutimos, parte do desafio é que a visualização de dados é apenas uma etapa do processo analítico. Os contratados para funções analíticas normalmente têm formações quantitativas, adequadas para as outras etapas (encontrar os dados, reuni-los, analisá-los, construir modelos), mas não necessariamente qualquer treinamento formal em design para ajudá-los quando se trata da comunicação da análise. Além disso, cada vez mais os que não têm formações analíticas estão sendo solicitados a colocar os chapéus analíticos e se comunicar usando dados.

Para esses dois grupos, encontrar maneiras de transmitir conhecimento básico pode tornar todos melhores. Invista em treinamento ou use as lições abordadas aqui para dar impulso. Sobre esta última nota, veja algumas ideias:

- **Clube do livro Storytelling com dados:** leia um capítulo por vez e, então, discuta com outras pessoas, identificando exemplos específicos em seu trabalho nos quais a lição pode ser aplicada.
- **Faça seu próprio workshop:** depois de terminar o livro, faça seu próprio workshop — solicitando exemplos de comunicação com dados de sua equipe e discutindo como eles podem ser melhorados.
- **Segunda-feira da Remodelação:** desafie as pessoas a fazer uma remodelação semanal dos exemplos não muito bons, empregando as lições que abordamos.

- **Ciclo de opiniões:** estabeleça a expectativa de que as pessoas devem compartilhar o trabalho em andamento e dar opiniões umas para as outras, baseadas nas lições de storytelling com dados.
- **E o vencedor é:** introduza uma competição mensal ou trimestral, na qual pessoas ou equipes possam enviar seus exemplos de storytelling com dados eficaz e, então, inicie uma galeria de exemplos-modelo, acrescentando trabalhos dos vencedores da competição no decorrer do tempo.

Qualquer uma dessas estratégias — sozinhas ou combinadas — pode criar e ajudar a garantir um enfoque continuado na visualização e no storytelling com dados eficaz.

Invista em um ou dois especialistas internos

Outro jeito é identificar uma ou duas pessoas em sua equipe ou empresa que estejam interessadas em visualização de dados (melhor ainda se já tiverem mostrado alguma aptidão natural) e invista nelas para que se tornem seus especialistas internos. Crie a expectativa de que sua função será de consultor interno de visualização de dados, a quem outros da equipe podem recorrer para ter ideias e opiniões ou para superar desafios específicos da ferramenta. Esse investimento pode assumir a forma de livros, ferramentas, treinamento, workshops ou cursos. Ofereça tempo e oportunidades para aprender e praticar. Essa pode ser uma ótima forma de reconhecimento e desenvolvimento na carreira para a pessoa. À medida que ela continuar a aprender, pode compartilhar isso com outros, como um modo de garantir o desenvolvimento continuado na equipe.

Terceirização

Em algumas situações pode fazer sentido terceirizar a criação de visual para um especialista externo. Se restrições de tempo ou habilidade forem grandes demais para superar, para uma necessidade específica pode valer a pena recorrer a um consultor de visualização de dados ou apresentação. Por exemplo, um cliente me contratou para projetar uma importante apresentação que precisava fazer várias vezes no ano seguinte. Uma vez criada a história básica, ele sabia que poderia fazer as pequenas alterações necessárias para encaixar nos diversos ambientes.

O maior inconveniente da terceirização é que você não desenvolve as habilidades nem aprende do mesmo jeito, se for enfrentar o desafio internamente. Para ajudar a superar isso, busque oportunidades de aprender com o consultor durante o processo. Considere se o resultado também pode ser um ponto de partida para outro trabalho ou se pode evoluir no decorrer do tempo, quando você desenvolver capacidade interna.

Uma estratégia combinada

Tenho visto que as equipes e empresas de mais sucesso nessa área utilizam uma estratégia combinada. Elas reconhecem a importância do storytelling com dados e investem em treinamento e em prática para dar a todos o conhecimento básico da visualização de dados eficaz. Também identificam e dão suporte para um especialista interno, a quem o resto da equipe pode recorrer para ajudar a superar desafios específicos. Elas contratam especialistas externos para aprender o que faz sentido. Reconhecem o valor de contar histórias com dados eficientemente e investem em seu pessoal para adquirir essa competência.

Neste livro, forneci a *você* o conhecimento básico e a linguagem a usar para ajudar sua equipe e sua empresa a se distinguirem na comunicação com dados. Pense em como você pode dar feedback em termos das lições que abordamos, para ajudar outras pessoas a melhorar sua capacidade e eficiência.

Vamos encerrar com uma recapitulação do caminho que tomamos para o storytelling com dados eficaz.

Recapitulando: um rápido exame de tudo que aprendemos

Aprendemos muito neste livro, do contexto ao corte de saturação e chamada de atenção, até como contar uma história poderosa. Vestimos nossos chapéus de designers e vimos as coisas pelos olhos de nosso público. Aqui está uma revisão das principais lições abordadas:

1. **Entenda o contexto.** Saiba claramente para quem você está comunicando, o que precisa que saibam ou façam, como vai se comunicar e quais dados tem para apoiar seu argumento. Empregue conceitos como a história de 3 minutos, a Grande Ideia e o storyboard para enunciar sua história e planejar o conteúdo e o fluxo desejados.

2. **Escolha um visual apropriado.** Para realçar um ou dois números, texto simples é o melhor. Gráficos de linhas normalmente são melhores para dados contínuos. Gráficos de barras funcionam bem para dados categóricos e devem ter uma linha de base zero. Deixe a relação que você quer mostrar guiar o tipo de gráfico escolhido. Evite pizzas, roscas, 3D e eixos *y* secundários, devido à dificuldade de interpretação visual.

3. **Elimine a saturação.** Identifique os elementos que não acrescentam valor informativo e remova-os de seus visuais. Use os princípios da Gestalt para saber como as pessoas veem e identifique candidatos à eliminação. Use contraste estrategicamente. Empregue alinhamento de elementos e mantenha espaço em branco para ajudar a tornar a interpretação de seus visuais uma experiência confortável para seu público.

4. **Focalize a atenção para onde você deseja.** Empregue o poder dos atributos pré-atentivos, como cor, tamanho e posição, para sinalizar o que é importante. Use esses atributos estratégicos para chamar a atenção para onde você deseja que seu público olhe e para guiá-lo em seu visual. Avalie a eficácia dos atributos pré-atentivos em seu visual, aplicando o teste "para onde seus olhos são atraídos?".

5. **Pense como um designer.** Ofereça ao seu público affordances visuais como indícios de como interagir com sua comunicação: realce o que

for importante, elimine as distrações e crie uma hierarquia visual de informações. Torne seus designs acessíveis, não complicando demais e usando texto para legendar e explicar. Aumente a tolerância de seu público a problemas de design tornando seus visuais esteticamente atraentes. Trabalhe para ganhar a aceitação do público para seus designs visuais.

6. **Conte uma história.** Elabore uma história com início (trama), meio (reviravoltas) e fim (chamada para ação) claros. Use conflito e tensão para chamar e manter a atenção do público. Considere a ordem e a maneira de sua narrativa. Utilize o poder da repetição para ajudar a fixar suas histórias. Empregue táticas como lógica vertical e horizontal, storyboard inverso e busque uma nova perspectiva para garantir que sua história seja claramente compreendida em sua comunicação.

Juntas, essas lições o preparam para o sucesso na comunicação com dados.

Encerramento

Quando você abriu este livro, se sentiu qualquer desconforto ou falta de experiência na comunicação com dados, minha esperança é de que esses sentimentos tenham diminuído. Agora você tem uma base sólida, exemplos para imitar e passos concretos a dar para superar os desafios de visualização de dados que enfrentar. Você tem uma nova perspectiva. Nunca mais verá a visualização de dados da mesma forma. Você está pronto para me ajudar em meu objetivo de livrar o mundo dos gráficos ineficientes.

Há uma história em seus dados. Se você não estava convencido disso antes de nossa jornada juntos, espero que agora esteja. Use as lições que abordamos para tornar essa história clara para seu público. Ajude a estimular melhores tomadas de decisão e a motivar seu público a agir. Nunca mais você vai apenas mostrar dados. Em vez disso, vai criar visualizações cuidadosamente projetadas para transmitir informações e incitar ação.

Vá e conte suas histórias com dados!

bibliografia

Arheim, Rudolf. *Visual Thinking*. Berkeley, CA: University of California Press, 2004.

Atkinson, Cliff. *Beyond Bullet Points: Using Microsoft PowerPoint to Create Presentations that Inform, Motivate, and Inspire*. Redmond, WA: Microsoft Press, 2011.

Bryant, Adam. "Google's Quest to Build a Better Boss." *New York Times*, 13 de março de 2011.

Cairo, Alberto. *The Functional Art: An Introduction to Information Graphics and Visualization*. Berkeley, CA: New Riders, 2013.

Cohn, D'Vera, Gretchen Livingston e Wendy Wang. "After Decades of Decline, a Rise in Stay-at-Home Mothers." *Pew Research Center*, 8 de abril de 2014.

Cowan, Nelson. "The Magical Number Four in Short-Term Memory: A Reconsideration of Mental Storage Capacity." *Behavioral and Brain Sciences* 24 (2001): 87–114.

Duarte, Nancy. *Resonate: Present Visual Stories that Transform Audiences*. Hoboken, NJ: John Wiley & Sons, 2010.

Duarte, Nancy. *Slide:ology: The Art and Science of Creating Great Presentations*. Sebastopol, CA: O'Reilly, 2008.

Few, Stephen. *Show Me the Numbers: Designing Tables and Graphs to Enlighten*. Oakland, CA: Analytics Press, 2004.

Few, Stephen. *Now You See It: Simple Visualization Techniques for Quantitative Analysis*. Oakland, CA: Analytics Press, 2009.

Fryer, Bronwyn. "Storytelling that Moves People." *Harvard Business Review*, junho de 2003.

Garvin, David A., Alison Berkley Wagonfeld e Liz Kind. "Google's Project Oxygen: Do Managers Matter?" Case Study 9–313–110, *Harvard Business Review*, 3 de abril de 2013.

Goodman, Andy. *Storytelling as Best Practice*, 6ª edição. Los Angeles, CA: The Goodman Center, 2013.

Grimm, Jacob e Wilhelm Grimm. *Grimms' Fairy Tales*. Nova York, NY: Grosset & Dunlap, 1986.

Iliinsky, Noah e Julie Steele. *Designing Data Visualizations*. Sebastopol, CA: O'Reilly, 2011.

Klanten, Robert, Sven Ehmann e Floyd Schulze. *Visual Storytelling: Inspiring a New Visual Language*. Berlim, Alemanha: Gestalten, 2011.

Lidwell, William, Kritina Holden e Jill Butler. *Universal Principles of Design*. Beverly, MA: Rockport Publishers, 2010.

McCandless, David. *The Visual Miscellaneum: A Colorful Guide to the World's Most Consequential Trivia*. Nova York, NY: Harper Design, 2012.

Meirelles, Isabel. *Design for Information*. Beverly, MA: Rockport Publishers, 2013.

Miller, G. A. "The Magical Number Seven, Plus or Minus Two: Some Limits on Our Capacity for Processing Information." *The Psychological Review* 63 (1956): 81–97.

Norman, Donald A. *The Design of Everyday Things*. Nova York, NY: Basic Books, 1988.

Reynolds, Garr. *Presentation Zen: Simple Ideas on Presentation Design and Delivery*. Berkeley, CA: New Riders, 2008.

Robbins, Naomi. *Creating More Effective Graphs*. Wayne, NJ: Chart House, 2013.

Saint-Exupery, Antoine de. *The Airman's Odyssey*. Nova York, NY: Harcourt, 1943.

Simmons, Annette. *The Story Factor: Inspiration, Influence, and Persuasion through the Art of Storytelling*. Cambridge, MA: Basic Books, 2006.

Song, Hyunjin e Norbert Schwarz. "If It's Hard to Read, It's Hard to Do: Processing Fluency Affects Effort Prediction and Motivation." *Psychological Science* 19 (10) (2008): 986–998.

Steele, Julie e Noah Iliinsky. *Beautiful Visualization: Looking at Data Through the Eyes of Experts*. Sebastopol, CA: O'Reilly, 2010.

Tufte, Edward. *Beautiful Evidence*. Cheshire, CT: Graphics Press, 2006.

Tufte, Edward. *Envisioning Information*. Cheshire, CT: Graphics Press, 1990.

Tufte, Edward. *The Visual Display of Quantitative Information*. Cheshire, CT: Graphics Press, 2001.

Tufte, Edward. *Visual Explanations: Images and Quantities, Evidence and Narrative*. Cheshire, CT: Graphics Press, 1997.

Vonnegut, Kurt. "How to Write with Style." *IEEE Transactions on Professional Communication* PC-24 (2) (junho de 1985): 66–67.

Ware, Colin. *Information Visualization: Perception for Design*. São Francisco, CA: Morgan Kaufmann, 2004.

Ware, Colin. *Visual Thinking for Design*. Burlington, MA: Morgan Kaufmann, 2008.

Weinschenk, Susan. *100 Things Every Designer Needs to Know about People*. Berkeley, CA: New Riders, 2011.

Wigdor, Daniel e Ravin Balakrishnan. "Empirical Investigation into the Effect of Orientation on Text Readability in Tabletop Displays." Departamento de Ciências da Computação, Universidade de Toronto, 2005.

Wong, Dona. *The Wall Street Journal Guide to Information Graphics*. Nova York, NY: W. W. Norton & Company, 2010.

Yau, Nathan. *Data Points: Visualization that Means Something*. Indianápolis, IN: John Wiley & Sons, 2013.

Yau, Nathan. *Visualize This: The FlowingData Guide to Design, Visualization, and Statistics*. Indianápolis, IN: John Wiley & Sons, 2011.

índice

L

M

O

P

R